正念手作
Eye of Life 生命之眼

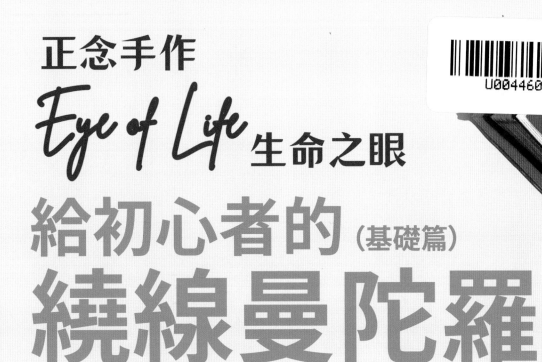

給初心者的 （基礎篇）
繞線曼陀羅

卡老師（勞嘉敏）／著

序

遇見生命之眼

初次接觸生命之眼，要回溯到20年前那一段我人生中最支離破碎的谷底時間。我背著簡陋的行囊，獨自在淒冷的歐美，每天茫然地躑躅，和流淚。我一個接一個國家的跑，一直走了大半個地球，我彷彿在尋找一些東西，可是我並不知道那是什麼。

那當中有許多驚喜驚險、足以寫成一本書的故事。一次意外的事件，我被一位墨西哥老人載到他的家，門前的一棵樹上，掛滿一個一個色彩繽紛、用毛線繞成的曼陀羅，樹下一位老奶奶，在陽光的掩映下，滿臉笑容地編織。我到現在還清楚記得，從我的角度看，那個畫面非常非常美，那奶奶，一張臉一整個身體，在發亮。

那，並不是陽光。

我的身體像著了魔一樣，不由自主地被吸到她身旁坐下，眼睛看著她手上的線，一圈一圈地繞，我呼吸有點急，臉頰發燙，卻同時感到內在那前所未有的安穩。

人生最迷惘的時候，我看到一個路標，她示範了晚年最美的風景。

那一刻，我在心裡許下一個願，有一天，我也要有那樣一棵開滿曼陀羅花的樹，那樣的笑容，還有，那光。

後來即使生活已經回到正軌，我仍在不同的旅程當中，刻意張開眼睛，找尋不同地方的相關群體，學習於不同文化孕育下來的生命之眼，包括在最接近天堂的西藏、神比人還要多的印度、多元文化的加拿大、和美國內華達沙漠那最奇幻的火人祭。

人生中許多時刻，我確實地感覺到天上有一雙眼睛看顧著我，同時讓我心裡的眼睛張開，看到生命的本質。

及後的日子，我持續創作，學習正念，練習冥想。我跟隨著閉目時看到的那點光，開始把生命之眼的創作，分享出去，結合到我舉辦的情緒管理的課程中，讓學員體驗動手的重複、專注與安靜。

命運把我帶到來台灣定居，我在天使的帶領下成立了【正念手作學院】，創辦了一個藝術療癒空間，成為生命藝術工作者。

鬧市中，我沒有樹。

我在前庭畫了一棵樹，掛上漂亮的生命之眼，結果，吸引了許多頻率相近的天使到訪。我在教室建造了一個生命之眼的牆壁，掛滿一個又一個的祝福。

我努力創作和分享，讓生命之眼的編織藝術在台灣發芽成長，讓更多的學員體驗到那美妙的過程，開出令人驚豔的花朵，重新找到生活中的美感。

我期待每一天，看到自己和來訪的人，臉上的笑容，和那光。

一如初衷。

夢想是，遍地開「眼」

人生沒有白走的路，感恩那段谷底的日子，讓我遇見美麗的眼睛，找到生命的出口，沿著光從迷霧中走出來。我期許自己也能夠成為一點光，拿我的幸運來照亮一些人、一段路。

從事體驗式培訓工作的我，隨著整個世界對心靈成長的需要，開始把身心靈健康的元素，結合到企業培訓的課程裡。生命之眼是我其中一個培訓工具，讓學員在色彩、重複與專注中，把課程中情緒管理的理論，即時實踐並驗證在手中的小作品上。我期望藝術是屬於所有人的，不管任何性別、階層與年紀，都該享有藝術帶來的療癒和成就感。尤其是離開學校，奔波於事業與家庭間，「美育」離我們很遠了，是有多久沒有好好的坐下來，做一些有關藝術的、美麗的事情？

我努力推廣，期望能夠提醒大家，**無論任何年紀，生活還是充滿美好，這一份美，能夠引領我們走出泥沼和悲傷，修補生命的缺失。**

在我過去不同地方的學習過程當中，都是一件一件作品去學習，雖繁複精美，卻有感沒有系統，非常混亂，也沒辦法自行創作。我把編織技法解拆、分類，根據累積的經驗，一步一步把技法簡化及系統化，讓前來學習的素人，長者或小孩，都能從零開始，輕易掌握製作技巧。明白了原理，更可以自行創作更多花樣的作品。

我喜歡創作過程中自己跟自己對話，整理思緒；我享受創作繁複大型的作品，讓自己WOW一下；更多的時間，我創作簡單基礎的教案，或加入一些些進階元素，讓學員可以參考，一步一步做出更豐富、屬於自己的作品。我期望創作路是長遠的，因此收錄在本書的都是基礎款式。打好根底，累積了技法，未來的路，就比較輕鬆好走；有了能力，就有更大的想像，可以做出更亮眼的創作。

編織生命之眼，並不能保證讓你成為一位著名的藝術家，賺很多的錢，或拯救世界。然而，動手的過程會帶給你溫柔的幸福感，作品會帶給你的生活一些色彩，助你抵擋生活中的艱難和無奈，或許在腦袋中探索、對話的過程中，會發展出別的可能性跟能耐。期許本書除了讓你學習到編織生命之眼的技巧，也在你享受專注的正念時刻間，讓你心靈的體質一直成長。**編織不單純是編織，也是你對生命的體悟，是滋養你一輩子的養分。**

本書介紹了20個提案，適合初學者以外，也有一些比較進階的技法，讓你有更多元的創作能量。從最簡單的四角開始編織，一直累積經驗和技法，你會發現你的根底會越來越紮實，裝備你未來創造更繁複精美的作品。

然後我邀請你把作品掛在牆上，在自己的空間打造出有你個人特色的生命之牆，遠看就好像一朵一朵美麗的花朵。這也是我成立【正念手作學院】的目的——**我希望看到你的生活到處開花，希望看到你會專注地動手，找到生命的幸福感。**

刻下我除了出版生命之眼的書籍，和開辦手作體驗課程外，為了回應越來越多的開課訴求，尤其是在台灣北部以外，甚至國外地區的邀約，我正努力地培訓各地的生命之眼導師，逐步實現遍地開「眼」的夢想。歡迎你加入我們的行列，一起編織出看見美好事物的眼睛！

衷心感謝

做喜歡的事，從來不是簡單的事。

當我們有夠幸運，能夠全心全意地做自己喜歡的事情，我們需要做的，就只是觀察、感受，和感謝——感謝你把此書捧在手上，感謝多年來世界各地的導師和夥伴的教導與共學，感謝我的學生們對我的愛護、支持和敲碗式的鞭策，感謝我的先生一直如曼陀羅般總安穩地吸收著我的燦笑和眼淚，感謝父母賜我一雙巧手，還有那些來自另一個層次與維度的存在，大家都慷慨地出現在我的生命中，幫助了我，微微發光。

僅把我一生中編織出的所有生命之眼，獻給以上的天使，祝願他們幸福安康。

Carmen
卡老師

CONTENTS

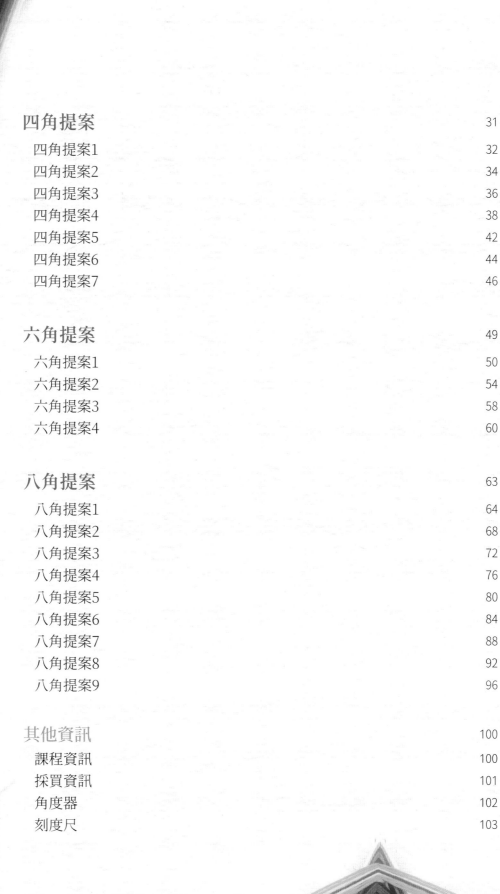

生命之眼的歷史背景

文化起源與發展

生命之眼源於15世紀南美部落的古老工藝，最早出現在墨西哥和玻利維亞的印第安民族，尤以居住在墨西哥西部馬德雷山脈的慧喬爾族爲代表，用於慶典和宗教儀式，獻給東方的水之母親，象徵保護孩子和孕育花朵。

生命之眼的原文是Si'kuli，是權力和保護的意思，由兩根木棒或樹枝綁成十字型，加上各種顏色的繞線組成，呈菱形，像一只眼睛，被認爲是**觀察和理解未知的事情、進入精神世界的入口**。最早發現此紮作的西班牙人則稱之爲Ojo de dios，意思是神或者上帝的眼睛。

傳統的慧喬爾族認爲，「動手」是通往精神世界的唯一途徑，包括編織、種植、收割、彩繪、串珠等。他們會找個安靜的地方，獨自編織Si'kuli，作爲冥想或祈禱的工具，然後掛在家庭或聖地的入口，或插種在農田中，祈求神明的保護和醫治。

Si'kuli四邊形也代表火、土、水、氣四個生命組成的元素，也代表宇宙的五個角——東、南、西、北和中心，而這個中心就是萬物的起點。使用不同的顏色也代表不同的祈求——藍色是雨水，綠色是生育，黃色是太陽等等。

傳統的墨西哥部落的父親會在孩子出生的一天，用色彩繽紛的毛線綁住兩根樹枝，他們相信這是一只眼睛，看顧新生兒的良好成長，保佑他的健康和長壽。到了每一年的生日，母親會在眼睛外多添加一壇毛線，一直到孩子五歲，生命之眼就完成了。

也有考古學家在印第安的古老墓穴中發掘出木乃伊，發現旁邊有放著毛線和木棒的籃子，及十字型的頭飾和擺件，相信是用以驅除疾病和惡魔的干擾的。而玻利

維亞的印地安人，則把編織的眼睛放在祭壇上，祈求神明保護他們的子民，並帶來健康和好運。在古老的亞里桑那懸崖上，也有發現生命之眼的影子。

生命之眼後來一直發展，從簡單的四角發展成六角、八角甚至更複雜的形狀，成為更豐富多樣、呈放射平衡狀的繞線曼陀羅，實現更強大的能量，並且越過了起源地，成為歐美地方非常流行的掛飾，但仍保有同樣的精神意義——**象徵身心靈平衡與精神世界的接軌，帶來吉祥、祝福、長壽和平安，是對美好生活的渴望。**

時至今日，製作生命之眼在美國依然是傳統的一部分，許多南美地區的孩子，仍會透過父母或學校學習這門傳統工藝，不僅是一種文化的傳承，也是自古以來人們守護所愛的本能。他們相信，**認真地編織生命之眼，同時在心裡默默許願，願望就會成真。**

生命之眼呈曼陀羅狀，是幾千年來人類潛意識中最深層最有影響力的圖騰。曼陀羅意思是神聖的圓圈，由許多幾何形狀組成，起源於埃及、印度、中東及許多文化中，幾千年來一直在最古老最有智慧的國度中被應用著，或被放置在特定的場域提升能量，是藏傳佛教徒用來冥想的工具，透過觀賞曼陀羅把整個宇宙供奉上，是除業障、集福報的修行方法，過程中大腦會進入平靜、空白的狀態，從而建立人和神之間的聯繫，淨化心靈，清除雜念，緩解疲勞、壓力和痛苦。

生命之眼具有深厚的文化，讓精神與世界聯繫，並表現在繁複、美麗而工整的手作品中。20世紀70年代，生命之眼的裝飾品開始漸受歡迎，因為容易學習、老少咸宜，加上材料成本低、容易取得，過程舒壓愉悅，逐漸成為廣受歡迎的藝術選項。今天，生命之眼已經成為具有儀式感的符號，動手編織可與精神世界接軌；掛在牆上祈求保護、平安和療癒；送給親友代表對宇宙輸出、向他們送上最美好的祝福之意。

生命之眼
在華人地區的發展

「Si'kuli」和「Ojo de dios」都不太好發音，直接譯成「上帝之眼」或「曼陀羅」卻太具宗教色彩。為了方便在華人地區推廣及教育，我取名【生命之眼】，把重點往內聚焦，除了讓有或沒有宗教信仰的團體，不會因為名字而抗拒，讓普羅大眾更容易接納並實踐這門簡單療癒的藝術外，更重要的是，**編織的過程本來就是可以讓手作者看見生命的過程，不假外求，往內探索，神就住在每一個人的心裡。**

目前世界上有關生命之眼的資訊，都以西班牙文、英文和俄文為主，華人世界從事相關工作的少之又少，這當中又以個人藝術創作居多，作品繁複精美卻不一定會教，也沒有系統化的教學和推廣。我把五花八門的編織技法解拆、分類、篩選、簡化及系統化，讓前來學習的素人有路徑可循，從零開始，透過有系統的學習，掌握製作技巧及原理，打好基礎，未來就可以自行創作獨一無二的作品。

目前生命之眼有開課的地區，主要集中在台灣和香港，除了單元課讓民眾體驗編織的樂趣，也開辦導師認證課程，教授整套教學技法，期望培育出更多會編也會教的導師，於各地區深耕細作，把美麗的眼睛帶到不同的地方。

正念手作的益處

正念　體驗當下的幸福

　　Mindfulness是形容詞mindful加上ness，意思是用心地留意，覺察當下的身心狀態。中文翻譯為正念，原是佛家修行中八正道的一支。

　　正念於70年代起獲美國麻省大學醫學院的教授設計成療程，用於協助患者舒緩壓力及痛症，發現成效非常顯著，許多病患得到莫大的改善，遂引起各界關注。後來陸續獲廣泛應用，漸漸去掉其宗教意味，用於醫院、企業、學校等場域的身心靈健康之推廣。2014年更登上美國時代雜誌封面，正念被譽為一場心靈革命（Mindful Revolution），是新世代達致身心健康的靈丹妙藥。

　　與傳統教育所強調的理性思維相反，正念強調的是內心的覺察，提倡專注於當下，不作批評，單純保持內心的寧靜和好奇。科學研究顯示這種開放的身心狀態，有效提升抗逆力和減低焦慮，繼而促進人際關係及工作表現。

　　練習正念並不會讓你只會感到快樂、永遠面帶笑容。正念並沒有否認負面情緒的存在，但能讓人提升抗逆力和復原力，遇到順境能快樂感恩，遇到挫折及困境能夠恩然接受，盡快調整情緒，不假外求，快樂就在當下，在你的呼吸、你的念頭、和你的選擇中。

用藝術　療癒自己

　　情緒管理成為新時代一個重要的能力。在現代心理學中，藝術已被確認為有效的工具，紓解內在壓抑和處理負面情緒，成為廣泛使用的心理治療方式。

　　愛恩斯坦提出的能量守恆定律，說明宇宙中任何能量都不會消失，只會轉化成不同的形式出現。情緒也是能量的一種，正負面或任何形式都有其功能，目的是要向我們發出訊號，告訴我們刻下正發生甚麼事情。

無論是正負面的情緒，都需要找到出口，例如開心我們會笑、生氣會發脾氣等等，如果選擇壓抑，不處理，沒有得到有效的轉化，情緒非但不會自動消失，還會變成各種身心及行為問題，影響生活甚至整個人生。

生活中總有大大小小的煩惱，藝術創作被認為可以達到減壓、療癒的效果，是由於過程跟專心做運動、練瑜珈、習冥想等活動很類似，都是重複進行簡單的動作，無須耗費大量腦力，**讓大腦暫時放空，停止處理煩惱的事情，讓人感到平靜和舒壓**。完事後不代表煩惱自動消失，而是你會有更澄明的腦袋，更有力量去做更好的決定。

簡單的動作重複做，與冥想的狀態很類似，摒除雜念，只看眼前的手作，把分散的注意力集中到當下，過程雖然不需要大量的思考，可是當中的專注與沒有對錯的自由狀態，與完成作品的成就感，能讓創作者感到快樂無憂，相比被動接收訊息如看電影、聽音樂等，更具備感覺自己很棒、覺得自己有能力的正面滿足感。

生命之眼的療癒與幸福

編織曼陀羅狀的生命之眼，是一個冥想的過程，深入到潛意識的深處，一旦你進入到心流的狀態，你的思緒會得到整理，並與最真實的自己重新聯繫。圓形的編織帶著圓圈的能量 —— 統一、宇宙、神聖、永恆的概念，沒有開始和終結。重複的繞線過程，讓人**產生靜心、放鬆、愉悅的感覺**，而具體的作品也讓虛幻的精神世界具象化，**實在產出的成就感，同時為人帶來夢想成真的力量。**

你可以在創作之前先設定一個意圖，一個特定的願望或祈願。生命之眼本身是一個螺旋，從中心開始編織，一圈一圈，就像大自然的花朵一樣，往外發展，在簡單的動作中，創造出一個一個放射平衡而對稱的新圖樣，逐步走向你所訂立的意圖。每繞一圈，你的思緒就會加深、沉澱，直至完成作品，打上最後一個結，你的精神狀態會變得非常澄明。因此，編織曼陀羅有助於吸收及平衡情緒，讓忙碌的理性腦得到放空，同時創意腦可自由馳騁。

編織生命之眼的工具非常簡單，材料容易採購，成本低，你只需要找一個舒服的空間，放一些輕柔的音樂，集中注意力，別忘了休息，確保編織過程中的平靜與輕鬆。

作品會完整反映出你編織時的身心狀態，當你心情不好，編織生命之眼可以讓你安定下來，同一時間你的作品也會像海綿一樣，吸收你的情緒和周遭發生的一切，並反映在你的用色和毛線排列上。編織的過程你越是不夠專注、焦急不安、心煩意亂，你的作品就會越顯得不公整。

把完成的作品放置在一個空間中，能有效調整該處的能量與狀態。當你每一天都被自己的創作包圍著，你就會遇見生活中意想不到的力量。

編織眼瞳的基本技巧

各種形狀的生命之眼，都是從基礎的眼瞳發展出來的。

1. 準備工具和材料

製作生命之眼，一般會用到以下材料。

耗材

1. 木棒：
· 本書作品：直徑至少5mm，長度15、20、25及30公分的木棒
· 其他作品：如製作小型作品（如飾物等），可用更細的木棒；較大的作品可用日常生活中的物品，如免洗筷子、樹枝等等
2. 線材：
· 本書作品：四股棉毛線
· 其他作品：可用任何線材，做出不同效果
3. 裝飾品：
· 本書作品：彩色膠／木珠子
· 其他作品：可加上任何喜歡的飾品，如羽毛、膠珠等

工具

4. 長尺：
· 量度木棒的刻度（路標）
· 沒有長尺嗎？不用擔心，本書的最後一頁附有30公分的刻度尺供你使用喔～
5. 色筆：
· 在木棒上畫上刻度（路標）
· 我習慣用三色筆：黑、紅、綠。你可以用一種顏色，或七種彩虹顏色來畫路標，喜歡／習慣就好！
6. 剪刀：剪線材
7. 膠水：
· 最後步驟把線材固定在木棒的末端
· 建議使用保麗龍膠，它跟毛線是最好的朋友～
8. 角度輔助：
· 讓你知道作品的角度是否正確，更容易做出漂亮工整的作品
· 你可以在本書的最後一頁找到一個簡易角度圖
9. 小膠針：輔助編織

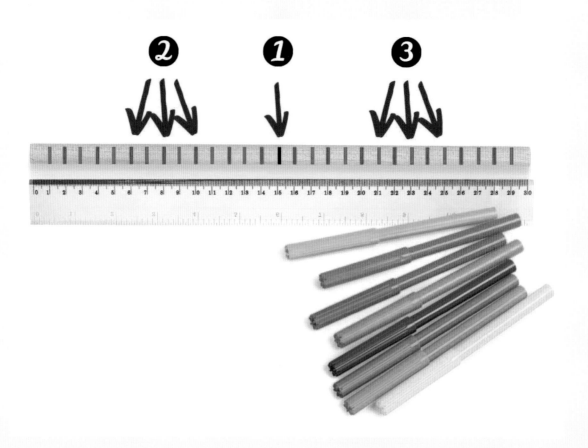

2. 設定路標

做任何事情，一開始設定目標非常重要。製作生命之眼也一樣，第一件事情要做的，是在木棒上畫上路標，讓你在編織的過程中有標誌可循，知道自己已經／該跑到哪裡，這樣做出來的眼睛才會漂亮工整。

■ 步驟：

首先，把需要用到的木棒，放在刻度尺前
1. 在正中間，用黑色畫一條線（這裡我們用的是30公分的木棒，所以黑色線畫在15公分處）

2. 用紅色筆，在所有雙數畫上紅線
3. 用綠色筆，在所有單數畫上綠線
這樣，你的路標就完成囉～

注意：如果長度是單數的木棒，中線會是點數喔！這時候請把黑色線重新放置在整數的刻度，再畫紅、綠線。

3. 立架

製作生命之眼，編織中心的眼瞳是最基本的技巧。無論你的作品有多大、多少個角，它們的最初都是從編織眼瞳開始。

■ 步驟：

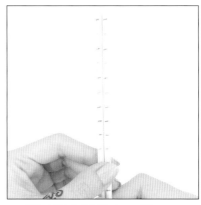

1. 把兩根木棒放在一起

2. 用毛線在正中間，綁一個單結，線頭留約一根手指的長度

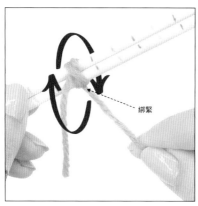

3. 在木棒上稍微用力繞三到四個圈，把單結壓住，木棒綁緊

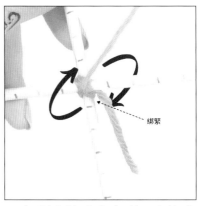

4. 打開木棒成十字型，在沒有毛線綁住的兩個對角，再繞三到四個圈

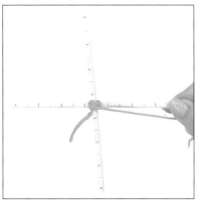

5. 調整路標，讓記號面向自己，並確定黑色中線被包裹在毛線的正中間。這時候，十字架就大概成形了

4. 基礎眼瞳

接著，我們開始編織眼瞳。

■ 步驟：（以下以慣用右手為主，慣用左手的讀者請自行把方向調整喔～）

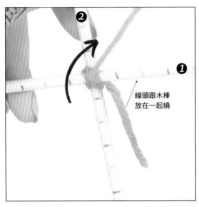

1. 左手拿棍架，右手拿長毛線，把線頭放在第一根要繞的木棒上，長線從#1木棒的上方

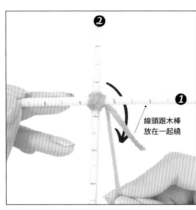

2. 繞到 #1木棒的下方出來（把線頭跟木棒一起繞）

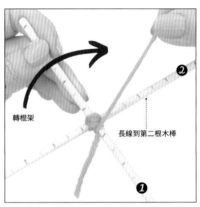

3. 左手轉棍架90度，右手的長線在 #2木棒上，同樣方法繞一圈

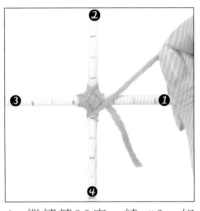

4. 繼續轉90度，繞 #3，如此類推，回到有線頭的 #1木棒，即完成一圈

5. 重複同樣動作，讓毛線整齊地排在之前的毛線後，眼睛就會越來越大囉～

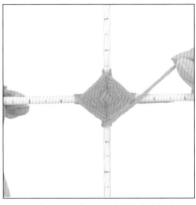

6. 一直繞到你認為滿意的大小

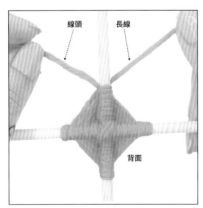

7. 把眼睛反過來

8. 與線頭打一個單結，這樣，你的眼瞳就完成了！

5. 換線

每一次開始一條新的毛線，我們都會用到以下的開線方法。

■ 步驟：

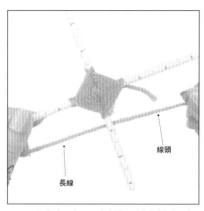

線頭

長線

1. 眼睛朝上，新的毛線放棍架下方，線頭在右邊

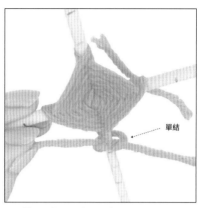

單結

2. 綁一個單結，拉緊

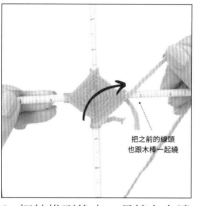

把之前的線頭也跟木棒一起繞

3. 把結推到後方，長線在左邊出來，到下一根木棒，遇到線頭要一併繞起來

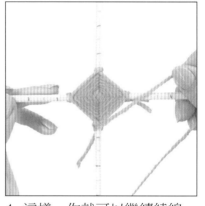

4. 這樣，你就可以繼續繞線，兩種顏色的毛線就會無縫連接起來囉～

■ 小撇步：

· 我會選擇之前的線頭（藍色）的前一根木棒開始，這樣線頭（藍色和橘色）就不會堆在一起，當新的毛線（橘色）開始繞，馬上就可以壓住前一組線頭（藍色），它就不會鬆開。

6. 包棍架

繞到你覺得滿意的大小，我們就可以進行最後一個步驟，把餘下的木棒包起來。

■ 步驟：

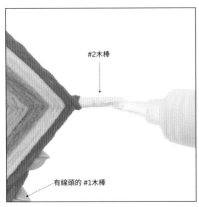
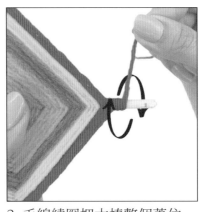
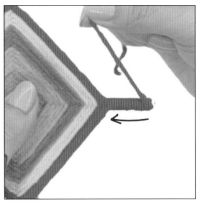

1. 從有線頭的 #1木棒的下一根開始（即#2），塗上少許膠水

2. 毛線繞圈把木棒整個蓋住

3. 繞回來到底部，往下一根，重複動作

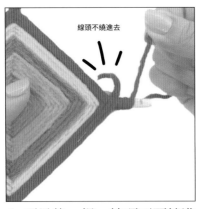
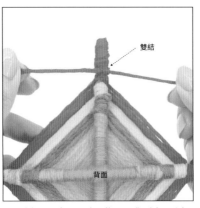

4. 到最後一根，線頭不要繞進去

5. 繞回來，在背面與線頭相遇，打雙結

7. 吊環

完成了漂亮的生命之眼，當然要掛起來讓大家觀賞！

■ 步驟：

1. 決定你想要加上吊繩的位置，剪一段你想要的顏色毛線

 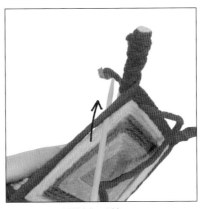 

2. 用膠針把其中一頭從後到前
插進去

3. 另一頭從前到後

4. 綁結

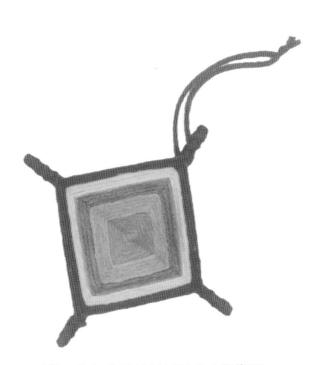

這樣，你的作品就可以掛起來觀賞囉～

各種角形的組合

無論大小，生命之眼都是由多根木棒組合的多角形作品。

方形：兩根木棒綁在一起

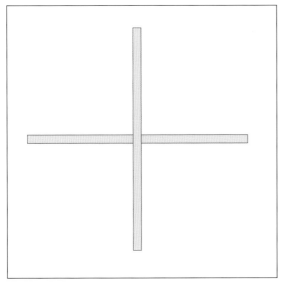

六角形：三根木棒綁在一起

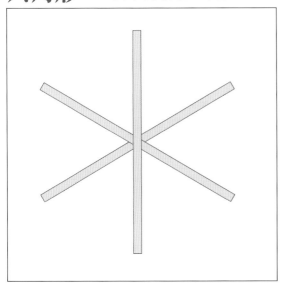

八角型：兩組方形棍架組合在一起

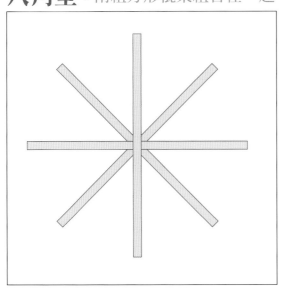

各種形狀的編織

生命之眼呈曼陀羅形狀，主要是由不同的幾何圖形組合起來的合成花朵。
以下是各種基礎形狀的象徵和編織方法。

圓環

　　圓圈是最強大的形狀，沒有開始也沒有終結，是無限的象徵，代表統一、焦點和連結。

　　三根或以上木棒的組合棍架，就已經可以做到圓環的效果。

例子：六角棍架

■ 步驟：從＃1開始，每一根木棒都繞線。

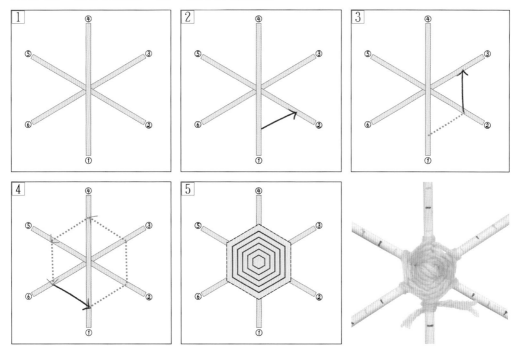

例子：八角棍架

■ 步驟：從＃1開始，每一根木棒都繞線。

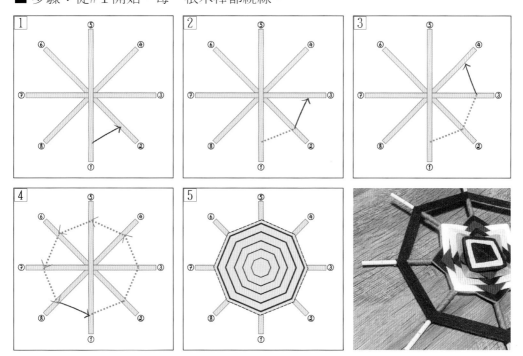

方形／八角形

東、南、西、北四個角是平均平衡的，每個方向的力量都被完美接收，是穩定、平衡的象徵，帶來內心的平靜。

以二為倍數的木棒數目組合的棍架，都可以繞出正方形。

例子：八角棍架

■ 步驟：

1. 從#1開始，隔一根，繞#3、#5、#7，回到#1

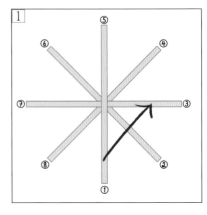 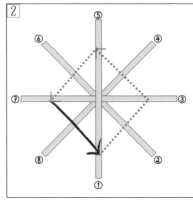 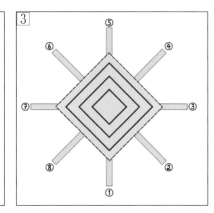

2. 完成後，再從#2開始，隔一根，繞#4、#6、#8，回到#2

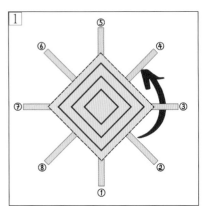 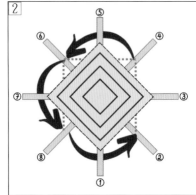 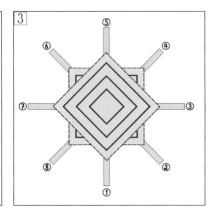

三角形／六角形

　　三個角代表靈魂、精神和肉體，是三者的結合，代表我們實現意圖的強大力量，和對宇宙的請求。

　　以三為倍數的木棒數目組合的棍架，都可以繞出三／六角形。

例子：六角棍架

■ 步驟：

1. 從#1開始，隔一根，繞#3、#5，回到#1

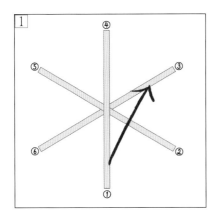
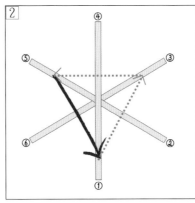
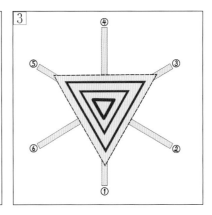

2. 完成後，再從#2開始，隔一根，繞#4、#6，回到#2

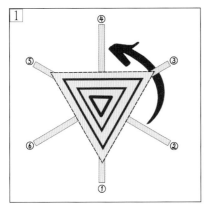

各種形狀的編織

23

翅膀

　　毛線繞到對面的木棒去，呈現一雙翅膀的樣子，是往外伸展的手臂，象徵成長和延續。

例子：四角棍架

■ 步驟：

1. 從#1開始，隔一根，繞到對面的#3，再回來#1

2. 完成後，再從#2開始，隔一根，繞到對面的#4，再回來#2

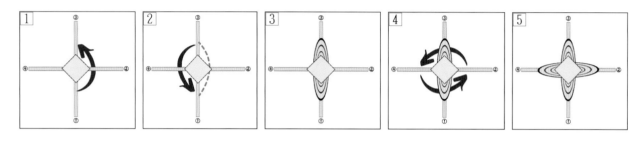

例子：六角棍架

■ 步驟：

1. 從#1開始，隔兩根，繞到對面的#4，再回來#1

2. 完成後，再從#2開始，隔兩根，繞到對面的#5，再回來#2

3. 完成後，再從#3開始，隔兩根，繞到對面的#6，再回來#3

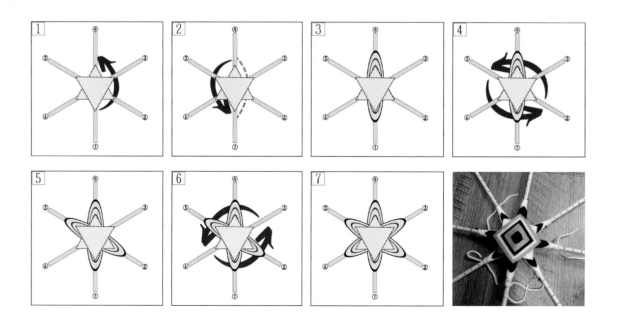

花瓣

　　花瓣呈現星型的狀態，是內在力量往宇宙擴張和展望的象徵。

　　花瓣泛指所有不是圓形、方形及翅膀繞線，花瓣角度的大小取決於隔開木棒使用的數字。

　　本書的基礎款式最多是八角，我們就用八角來作例子。

例子：八角棍架

■ 步驟：

從#1開始，隔兩根，繞到#4、#7、#2、#5、#8、#3、#6，回到#1

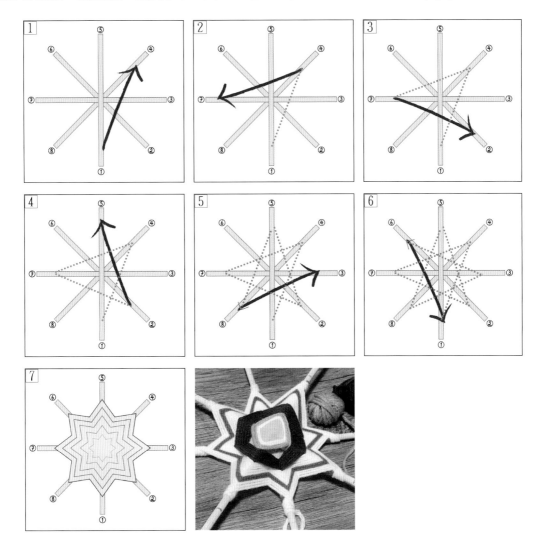

進入編織

編織前的身心準備

ＡＢＣＣＣ五大重點

　　持續的製作生命之眼的這些年，我發現，要製作一只漂亮工整的生命之眼，有一些基本的態度，而且這些態度也可以應用到日常生活中。

　　保持這五大重點來編織生命之眼，你會發現，隨著牆上的作品越來越多，不單只你的作品會呈現工整、漂亮的狀態，你的生命、生活、身心都會更愉快美好，像一個開滿花朵的燦爛花園。

　　編織生命之眼有五個重點。爲了方便記憶，我把它們整理成爲五個英文字母：Ａ Ｂ Ｃ Ｃ Ｃ。

A ppreciate：心存感恩，面帶微笑
B reath：保持呼吸，同步雙手
C oncentrate：安靜專注，感受察覺
C heck：時刻檢視，整齊一致
C lean：清理干擾，裡外乾淨

Appreciate：心存感恩，面帶微笑

能夠有資源做美麗的事情，是多麼的幸運喔！試想想，此刻你有能夠閱讀的眼睛、能編織的雙手、有能力放下工作或瑣事並騰出時間、有資源獲得必須的材料和工具，以上種種加起來，是多麼的幸運啊！

懷著感恩愉快的心情，編織的時候你就自然會面帶微笑，也會放鬆心情，編織出動人的作品。

Breath：保持呼吸，同步雙手

呼吸不是與生俱來的嗎？是的，可是往往在處理比較複雜或較細緻的步驟時，我們都會不自覺地摒住呼吸，時間久了就會缺氧不適。

編織的時候請你保持輕鬆的心情，就算遇到比較複雜的步驟，也請你記得要保持呼吸，放慢動作，讓雙手與呼吸同步，輕鬆地編織。

你也可以在編織的時候播放輕柔的音樂，讓呼吸、動作與音樂同步慢舞。

Concentrate：安靜專注，感受察覺

編織的時候，請你好好專注在當下的每一圈繞線，把知覺集中在手指與毛線、棍架之間的互動，適時調整力道。同時請專心感受身體給你的訊息，如果察覺身體告訴你累了，請你隨時調整姿勢，適當的時候請停下休息、喝水，有需要的話，請站起來伸展一下。

Check：時刻檢視，整齊一致

要編織出一只漂亮工整的生命之眼，每一根毛線都要照顧好，排整齊，對好路標，確實知道自己當下正在做甚麼，該去哪裡，和需要做到甚麼樣的標準。

Clean：清理干擾，裡外乾淨

外在環境絕對會影響到內在的情緒狀態。在編織的過程中，請時刻保持工作環境的整齊乾淨，沒有用的線頭就剪掉，剪出來的線頭都集中在一起，用完的工具請放好，保持外在環境的清爽乾淨，你會發現更容易專注並達到內心的平靜。

設定意圖

在開始一個生命之眼的編織之前，邀請你花一點時間，設定一個明確的意圖，這有助於你能夠專注安靜地完成作品。請你明確、清晰、真誠地說出你期許的想望、想要被療癒的事情、表達的感激或祝福等。如果你只是單純地想要好好地動動手，你也可以設定這個意圖，簡單地期許自己創作出和諧的作品，獲得一段美麗的時光。如果你打算把作品送給別人，請安靜地默念他的名字，期許自己製作出適合他的作品。

請你找一個能夠舒服安坐的空間，把毛線和工具放在一個你觸手可及的位置，這樣你無需經常動身取物，確保你的專注和心流不被打斷，無需花時間重新連結。

編織的過程中，經常會有一些小聲音在腦中出現，這時候請你深呼吸，溫柔地把自己帶回來，重新專注在面前的創作上，提醒自己當下的意圖。

毛線的整齊與否反映出你當下的情緒狀態，假如你不太滿意自己剛才編織的部分，你可以隨時拆開重新編織。然而假如你一直不滿意，不斷地回頭拆毛線，你的作品永遠沒有完成的一天！請記得：不完美，最美！就讓你的作品紀錄你當下的狀態，與及一切好與不好的美好。

最後也是非常重要的提醒 —— 生命之眼是一個藝術創作，並沒有對錯之分，你是獨一無二的，你的作品也是。本書中的所有提案，單純是一個建議，如果你有喜歡的顏色或做法，請放膽去嘗試，沒有必須要跟著提案去做的規定。

如何閱讀提案步驟

材料：

・能夠製作出該提案的材料，包括木棒的數量和長度、毛線的顏色等。

・鼓勵你選擇自己喜歡的顏色毛線來製作。

步驟：

・請根據該提案的步驟操作，假如你忘記了該形狀如何操作，可隨時到前面各個章節查找。

・每一個步驟的圈數和長度，僅供參考。每位手作者的手勢和鬆緊程度不一樣，可根據實際操作狀況，或個人喜好作改動。

・木棒的號碼是讓你知道該步驟你需要繞哪一些木棒，比如＃1－＃2－＃3－＃4，意思是在＃1木棒上綁結開始，繞到＃2、＃3然後＃4，爲完成一圈。

・木棒的＃1－＃2－＃3－＃4是浮動的，每一次換線，你都可以重新決定哪一根是＃1來開始綁結，這樣線頭就不會堆在同一根木棒上了。

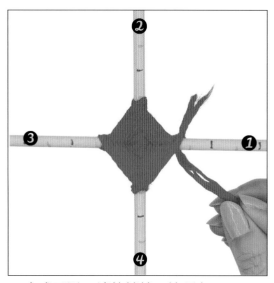

1. 完成了這一壇的繞線，線頭在#1

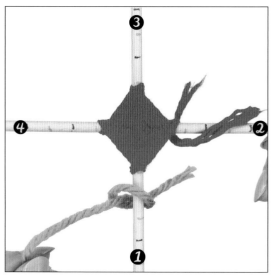

2. 換線，選擇另外一根作#1，讓線頭不要堆在一起

四角提案

四角提案1

 ■ 木棒組合：

■ 材料：

· 木棒：15 公分 x 2 根
· 毛線：深藍色、橘色、白色、淺棕色

■ 步驟：

1. 編織眼瞳

· 深藍色毛線，立架

· 深藍色毛線，支架＃1－＃2－＃3－＃4，5圈

· 橘色毛線，支架＃1－＃2－＃3－＃4，3圈

· 白色毛線，支架＃1－＃2－＃3－＃4，2圈

· 淺棕色毛線，支架＃1－＃2－＃3－＃4，5圈

· 白色毛線，支架＃1－＃2－＃3－＃4，3圈

· 深藍色毛線，支架＃1－＃2－＃3－＃4，4圈

· 橘色毛線，支架＃1－＃2－＃3－＃4，2圈

（以上約占5.5公分，可自行增減圈數）

2. 包邊

· 白色毛線，支架＃1－＃2－＃3－＃4，2圈

· 最後一圈同時包邊，支架＃1－＃2－＃3－＃4，上膠水，包棍末

･･ 正念時刻 1 ･･････････････････････････････････

　　把注意力放在你的手指頭，確實在當下去感覺手指頭、毛線與棍架的關係，該用多少力道去編織——太緊的話會把棍架拉歪；太鬆則毛線會太蓬鬆，導致跑掉及互相壓住。

■ 木棒組合：

■ 材料：

・木棒：20 公分 x 2 根、15 公分 x 4 根
・毛線：白色、鮮黃色、鵝黃色、橘色、橘紅色、深紅色、酒紅色、黑色

■ 步驟：

1. 編織20公分大號眼瞳
・白色毛線，立架
・白色毛線，支架＃1－＃2－＃3－＃4，8圈
・鮮黃色毛線，支架＃1－＃2－＃3－＃4，5圈
・鵝黃色毛線，支架＃1－＃2－＃3－＃4，5圈
・橘色毛線，支架＃1－＃2－＃3－＃4，5圈
・橘紅色毛線，支架＃1－＃2－＃3－＃4，5圈
・深紅色毛線，支架＃1－＃2－＃3－＃4，5圈
・酒紅色毛線，支架＃1－＃2－＃3－＃4，5圈
（以上約占 8.5 公分，可自行增減圈數）

2. 包邊
・黑色毛線，支架＃1－＃2－＃3－＃4，3圈
・最後一圈同時包邊，支架＃1－＃2－＃3－＃4，上膠水，包棍末

3. 編織15公分小號眼瞳
・黑色毛線，立架

・黑色毛線，支架＃1－＃2－＃3－＃4，5圈
・酒紅色毛線，支架＃1－＃2－＃3－＃4，4圈
・深紅色毛線，支架＃1－＃2－＃3－＃4，4圈
・橘紅色毛線，支架＃1－＃2－＃3－＃4，4圈
・橘色毛線，支架＃1－＃2－＃3－＃4，4圈
・鵝黃色毛線，支架＃1－＃2－＃3－＃4，4圈
・鮮黃色毛線，支架＃1－＃2－＃3－＃4，4圈
（以上約占 6.5 公分，可自行增減圈數）

4. 包邊
・白色線，支架＃1－＃2－＃3－＃4，3圈
・最後一圈同時包邊，支架＃1－＃2－＃3－＃4，上膠水，包棍末

5. 多做一個15公分小號眼瞳，掛在大號眼瞳的＃2及＃4支架即完成。

四角提案3

■ 木棒組合：

■ 材料：

・木棒：20 公分 x 2 根
・毛線：杏色、鵝黃色、深棕色、淺藍色、天藍色、藏藍色

■ 步驟：

1. 編織眼瞳
・杏色毛線，立架
・杏色毛線，支架＃1－＃2－＃3－＃4，3圈
・鵝黃色毛線，支架＃1－＃2－＃3－＃4，2圈
・深棕色毛線，支架＃1－＃2－＃3－＃4，2圈
・淺藍色毛線，支架＃1－＃2－＃3－＃4，2圈
・天藍色毛線，支架＃1－＃2－＃3－＃4，2圈
・藏藍色毛線，支架＃1－＃2－＃3－＃4，2圈
（以上約占 3 公分，可自行增減圈數）

2. 方形＋包棍架增高
・杏色毛線，支架＃1－＃2－＃3－＃4，1圈
・邊繞邊在各支架增高 3 公分，最後不需要剪斷

3. 方形
・杏色毛線，支架＃1－＃2－＃3－＃4，2圈
・鵝黃色毛線，支架＃1－＃2－＃3－＃4，2圈
・深棕色毛線，支架＃1－＃2－＃3－＃4，2圈
・淺藍色毛線，支架＃1－＃2－＃3－＃4，2圈
・天藍色毛線，支架＃1－＃2－＃3－＃4，2圈
（以上約占 2.5 公分，可自行增減圈數）

4. 包邊
・藏藍色毛線，支架＃1－＃2－＃3－＃4，4圈
・最後一圈同時包邊，支架＃1－＃2－＃3－＃4，上膠水，包棍末

附加技法：增高繞線法

增高繞線跟包棍末的方法一樣，把木棒一圈一圈包起來。當我們想要製造鏤空的效果，就會用到這一個技法。

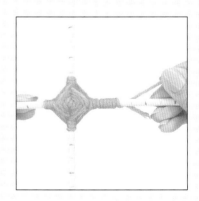

四角提案4

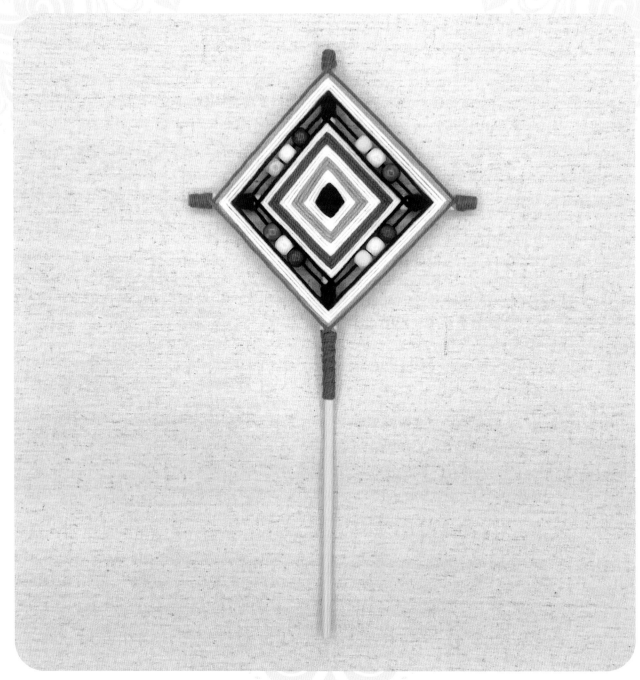

■ 木棒組合：

■ 材料：

・木棒：30公分 x 1根、15公分 x 1根
・毛線：深棕色、白色、薑黃色、橘紅色

■ 步驟：

1. 編織眼瞳
・深棕色毛線，立架
・深棕色毛線，支架＃1－＃2－＃3－＃4，3圈
・白色毛線，支架＃1－＃2－＃3－＃4，3圈
・薑黃色毛線，支架＃1－＃2－＃3－＃4，3圈
・白色毛線，支架＃1－＃2－＃3－＃4，3圈
・橘紅色毛線，支架＃1－＃2－＃3－＃4，3圈
・白色毛線，支架＃1－＃2－＃3－＃4，2圈
（以上約占 4 公分，可自行增減圈數）

2. 方形＋包棍架增高＋串珠
・深棕色毛線，支架＃1－＃2－＃3－＃4，邊繞邊在各支架增高 0.5 公分
・支架＃1－＃2－＃3－＃4，每一條邊穿 3 顆珠子，邊繞邊再在各支架增高 0.5 公分
・支架＃1－＃2－＃3－＃4，1圈

3. 方形
・白色毛線，支架＃1－＃2－＃3－＃4，3圈
・薑黃色毛線，支架＃1－＃2－＃3－＃4，1圈
（以上約占 1 公分，可自行增減圈數）

4. 包邊
・橘紅色毛線，支架＃1－＃2－＃3－＃4，1圈，上膠水，包棍末
・＃1支架可以往下多包幾圈，效果更好

讓我們在安靜中，
不慌不忙地堅強。

做喜歡的事，
直至把頭髮白掉，也不錯。

就這樣，慢慢，滿滿。

花會沿路盛放，以後的路也是。

四角提案5

■ 木棒組合：

■ 材料：
・木棒：30 公分 x 1 根、15 公分 x 1 根
・毛線：黑色、深紫色、白色、膚色

■ 步驟：

1. 編織眼瞳
- 黑色毛線，立架
- 黑色毛線，支架＃1－＃2－＃3－＃4，2圈
- 深紫色毛線，支架＃1－＃2－＃3－＃4，2圈
- 白色毛線，支架＃1－＃2－＃3－＃4，2圈
- 膚色毛線，支架＃1－＃2－＃3－＃4，5圈，其中#1支架包3次
- 黑色毛線，支架＃1－＃2－＃3－＃4，3圈，其中#1支架包3次
- 白色毛線，支架＃1－＃2－＃3－＃4，2圈，其中#1支架包3次
- 深紫色毛線，支架＃1－＃2－＃3－＃4，5圈，其中#1支架包3次
- 膚色毛線，支架＃1－＃2－＃3－＃4，3圈，其中#1支架包3次
- 黑色毛線，支架＃1－＃2－＃3－＃4，2圈，其中#1支架包3次

（以上支架＃2＃3＃4約占 6.5 公分，支架＃1約占 10 公分，可自行增減圈數）

2. 包邊
- 繼續用黑色毛線
- 支架＃1－＃2－＃3－＃4，上膠水，包棍末
- #1支架可以往下多包幾圈，效果更好

正念時刻2

　　繞線的時候要專心，注意路標，確定四根木棒的毛線是同步的，這樣編織出來的眼瞳才會正。

　　專注在每一圈繞線上，檢查它是否落在對的路標。如果到了最後，才發現餘下的木棒長短不一，要調整就太晚了。

　　工整的生命之眼需要持續的小努力，一點一滴在每一個當下累積出來。

四角提案6

■ 木棒組合：

■ 材料：
・木棒：30 公分 x 2 根
・毛線：白色、正紅色、黑色、紫色、深嫣紅色

■ 步驟：

1. 編織眼瞳
· 白色毛線，立架
· 白色毛線，支架#1－#2－#3－#4，
　8圈
· 正紅色毛線，支架#1－#2－#3－
　#4，3圈
· 黑色毛線，支架#1－#2－#3－#4，
　1圈
（以上約占2.5公分，可自行增減圈數）

2. 翅膀
· 黑色毛線，支架#1－#3，5圈
· 黑色毛線，支架#2－#4，5圈
· 白色毛線，支架#1－#3，2圈
· 白色毛線，支架#2－#4，2圈
· 紫色毛線，支架#1－#3，5圈
· 紫色毛線，支架#2－#4，5圈
· 黑色毛線，支架#1－#3，2圈
· 黑色毛線，支架#2－#4，2圈
（以上約占4公分，可自行增減圈數）

3. 方形
· 黑色毛線，支架#1－#2－#3－#4，
　1圈
· 正紅色毛線，支架#1－#2－#3－
　#4，7圈

· 深嫣紅色毛線，支架#1－#2－#3－
　#4，4圈
· 白色毛線，支架#1－#2－#3－#4，
　4圈
· 黑色毛線，支架#1－#2－#3－#4，
　1圈
（以上約占2.5公分，可自行增減圈數）

4. 方形
· 紫色毛線，支架#1－#2－#3－#4，
　I型反繞線法，10圈
（以上約占2公分，可自行增減圈數）

5. 方形
· 黑色毛線，支架#1－#2－#3－#4，
　3圈
· 深嫣紅色毛線，支架#1－#2－#3－
　#4，5圈
（以上約占1.5公分，可自行增減圈數）

6. 包邊
· 黑色毛線，支架#1－#2－#3－#4，
　2圈
· 最後一圈同時包邊，支架#1－#2－
　#3－#4，上膠水，包棍末

附加技法：I型反繞線法

　我們一直以來用的都是V型繞線法，或稱正繞線法。I型反繞線法跟一般的繞線法
相反，先從木棒的後下方繞起，從上方回繞到木棒前面，特點是繞出來之後你會
看到一個一個I型的效果，毛線會出現在木棒的後方。

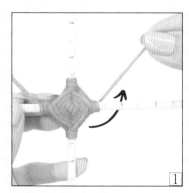 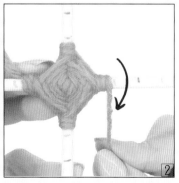

四角提案7

■ 木棒組合：

■ 材料：
· 木棒：30公分 x 2 根
· 毛線：黑色、白色、深紫色、深藍色、鮮綠色、鮮黃色、橘紅色、正紅色

■ 步驟：

1. 編織眼瞳
・黑色毛線，立架
・黑色毛線，支架#1－#2－#3－#4，
　3 圈
・白色毛線，支架#1－#2－#3－#4，
　2 圈
・黑色毛線，支架#1－#2－#3－#4，
　3 圈
・白色毛線，支架#1－#2－#3－#4，
　4 圈
（以上約占 2.5 公分，可自行增減圈數）

2. 翅膀
・深紫色毛線，支架#1－#3，4 圈
・深紫色毛線，支架#2－#4，4 圈
（以上約占 1 公分，可自行增減圈數）

3. 方形
・白色毛線，支架#1－#2－#3－#4，
　4 圈
（以上約占 1 公分，可自行增減圈數）

4. 翅膀
・深藍色毛線，支架#1－#3，4 圈
・深藍色毛線，支架#2－#4，4 圈
（以上約占 1 公分，與前一組翅膀等大）

5. 方形
・白色毛線，支架#1－#2－#3－#4，
　4 圈
（以上約占 1 公分，可自行增減圈數）

6. 翅膀
・鮮綠色毛線，支架#1－#3，4 圈
・鮮綠色毛線，支架#2－#4，4 圈
（以上約占 1 公分，與前一組翅膀等大）

7. 方形
・白色毛線，支架#1－#2－#3－#4，
　4 圈
（以上約占 1 公分，可自行增減圈數）

8. 翅膀
・鮮黃色毛線，支架#1－#3，4 圈
・鮮黃色毛線，支架#2－#4，4 圈
（以上約占 1 公分，與前一組翅膀等大）

9. 方形
・白色毛線，支架#1－#2－#3－#4，
　4 圈
（以上約占 1 公分，可自行增減圈數）

10. 翅膀
・橘紅色毛線，支架#1－#3，4 圈
・橘紅色毛線，支架#2－#4，4 圈
（以上約占 1 公分，與前一組翅膀等大）

11. 方形
・白色毛線，支架#1－#2－#3－#4，
　4 圈
（以上約占 1 公分，可自行增減圈數）

12. 翅膀
・正紅色毛線，支架#1－#3，4 圈
・正紅色毛線，支架#2－#4，4 圈
（以上約占 1 公分，與前一組翅膀等大）

13. 方形 + 包邊
・白色毛線，支架#1－#2－#3－#4，
　4 圈
・最後一圈同時包邊，支架＃1－#2－
　#3－#4，上膠水，包棍末

心之所願，無所不成。

明媚自己，也明媚世界

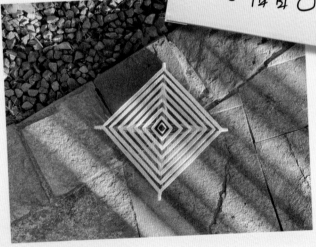

唯有專注，直指生命

六角提案

六角提案1

■ 木棒組合：

■ 材料：
・木棒：30cm x 3 根
・毛線：白色、橘紅色、鵝黃色、橄欖綠色

■ 步驟：

1. 編織眼瞳
・白色毛線，立架
・白色毛線，支架＃1－＃2－＃3－＃4
－＃5－＃6，15 圈，不剪斷
（以上約占 3 公分，可自行增減圈數）

2. 包棍架增高
・白色毛線，支架＃1－＃2－＃3－＃4
－＃5－＃6，邊繞邊在各支架增高 2 公
分

3. 三角形
・橘紅色毛線，支架＃1－＃3－＃5，2
圈
・鵝黃色毛線，支架＃1－＃3－＃5，2
圈
・橄欖綠色毛線，支架＃1－＃3－＃5，2
圈
（以上約占 1.5 公分，可自行增減圈數）

4. 穿插的三角形（可用膠針輔助）
・橘紅色毛線，支架#2 開始，經前一個
三角形的下方，從支架#3前方穿上來，
繞到支架 #4
・再經前一個三角形的下方，從支架#5前
方穿上來，繞到支架#6
・再經前一個三角形的下方，從支架#1前
方穿上來
・跟隨以上路徑，共繞 2 圈
・鵝黃色毛線，跟隨以上路徑，2 圈
・橄欖綠色毛線，跟隨以上路徑，2 圈
（以上約占 1.5 公分，與前一組三角形等
大）

5. 圓環
・白色毛線，支架＃1－＃2－＃3－＃4
－＃5－＃6，6 圈
（以上約占 1.5 公分，可自行增減圈數）

6. 包棍架增高
・白色毛線，支架＃1－＃2－＃3－＃4
－＃5－＃6，邊繞邊在各支架增高 2 公
分

7. 三角形
・橘紅色毛線，支架＃1－＃3－＃5，2
圈
・鵝黃色毛線，支架＃1－＃3－＃5，2
圈
・橄欖綠色毛線，支架＃1－＃3－＃5，2
圈
（以上約占 1.5 公分，可自行增減圈數）

8. 穿插的三角形（可用膠針輔助）
・橘紅色毛線，支架#2 開始，經前一個
三角形的下方，從支架#3前方穿上來，
繞到支架 #4
・再經前一個三角形的下方，從支架#5前
方穿上來，繞到支架#6
・再經前一個三角形的下方，從支架#1前
方穿上來
・跟隨以上路徑，共繞 2 圈
・鵝黃色毛線，跟隨以上路徑，2 圈
・橄欖綠色毛線，跟隨以上路徑，2 圈
（以上約占 1.5 公分，與前一組三角形等
大）

9. 圓環
・白色毛線，支架＃1－＃2－＃3－＃4
－＃5－＃6，6 圈
（以上約占 1.5 公分，可自行增減圈數）

10. 包棍架增高
・白色毛線，支架＃1－＃2－＃3－＃4
－＃5－＃6，邊繞邊在各支架增高 2 公
分

11. 三角形 + 包邊
・橘紅色毛線，支架＃1－＃3－＃5，2
圈
・鵝黃色毛線，支架＃1－＃3－＃5，2
圈
・橄欖綠色毛線，支架＃1－＃3－＃5，2
圈
・最後一圈同時包邊，支架＃1－＃3－
＃5，上膠水，包棍末

12. 穿插的三角形 + 包邊（可用膠針輔助）

- 橘紅色毛線，支架#2 開始，經前一個三角形的下方，從支架#3前方穿上來，繞到支架 #4
- 再經前一個三角形的下方，從支架#5前方穿上來，繞到支架#6
- 再經前一個三角形的下方，從支架#1前方穿上來
- 跟隨以上路徑，共繞 2 圈
- 鵝黃色毛線，跟隨以上路徑，2 圈
- 橄欖綠色毛線，跟隨以上路徑，2 圈
- 最後一圈同時包邊，支架＃2－＃4－＃6，上膠水，包棍末

正念時刻 3 ··

學習一件新的事物，一開始的不熟練跟混亂是非常正常的。請容許自己犯錯，對自己多一點包容和耐心，有需要的時候停下來，呼吸，讓自己重新專注在面前該走的路徑上。

附加技法：六角形立架

六角形的生命之眼，需要用到三根木棒。

■ 步驟：

1. 把三根木棒放在一起，毛線在正中間，綁一個單結，線頭留約一根手指的長度
2. 在木棒上稍微用力繞三到四個圈，把單結壓住，木棒綁緊
3. 打開木棒成六角形，在沒有毛線綁住的兩組對角，再繞三到四個圈
4. 調整路標，讓記號面向自己，並確定黑色中線被包裹在毛線的正中間，然後就可以開始繞線了

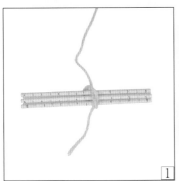

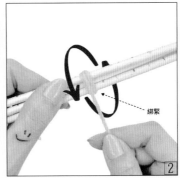

綁緊

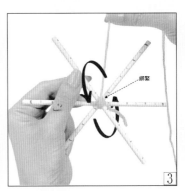

綁緊

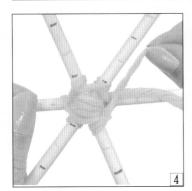

六角提案2

■ 木棒組合：

■ 材料：

· 木棒：30cm x 3 根
· 毛線：白色、淺黃色、淺藍色、鮮黃色、天藍色、鵝黃色、水藍色、橘紅色、藍色、深紅色、深藍色

■ 步驟：

1. 編織眼瞳
‧白色毛線，立架
‧白色毛線，支架＃1－＃2－＃3－＃4
　－＃5－＃6，5 圈
（以上約占 1.5 公分，可自行增減圈數）

2. 三角形
‧淺黃色毛線，支架＃2－＃4－＃6，
　6 圈（經支架＃1－＃3－＃5的下方繞
　過）
‧淺藍色毛線，支架＃1－＃3－＃5，
　6 圈（經支架＃2－＃4－＃6的下方繞
　過）
‧鮮黃色毛線，支架＃2－＃4－＃6，
　6 圈（經支架＃1－＃3－＃5的下方繞
　過）
‧天藍色毛線，支架＃1－＃3－＃5，
　6 圈（經支架＃2－＃4－＃6的下方繞
　過）
‧鵝黃色毛線，支架＃2－＃4－＃6，
　6 圈（經支架＃1－＃3－＃5的下方繞
　過）
‧水藍色毛線，支架＃1－＃3－＃5，
　6 圈（經支架＃2－＃4－＃6的下方繞
　過）
‧橘紅色毛線，支架＃2－＃4－＃6，
　6 圈（經支架＃1－＃3－＃5的下方繞
　過）
‧藍色毛線，支架＃1－＃3－＃5，6 圈
　（經支架＃2－＃4－＃6的下方繞過）
‧深紅色毛線，支架＃2－＃4－＃6，
　6 圈（經支架＃1－＃3－＃5的下方繞
　過）
‧深藍色毛線，支架＃1－＃3－＃5，
　6 圈（經支架＃2－＃4－＃6的下方繞
　過）
（以上約占 7.5 公分，可自行增減圈數）

3. 包棍架
‧白色毛線，所有支架包1.5公分，綁結
‧最後毛線可以不剪斷，繼續下面步驟

4. 圓環
‧白色毛線，支架＃1－＃2－＃3－＃4
　－＃5－＃6，2 圈
‧淺黃色毛線，支架＃1－＃2－＃3－＃4
　－＃5－＃6，2 圈
‧淺藍色毛線，支架＃1－＃2－＃3－＃4
　－＃5－＃6，2 圈
‧鮮黃色毛線，支架＃1－＃2－＃3－＃4
　－＃5－＃6，2 圈
‧天藍色毛線，支架＃1－＃2－＃3－＃4
　－＃5－＃6，2 圈
‧鵝黃色毛線，支架＃1－＃2－＃3－＃4
　－＃5－＃6，2 圈
‧水藍色毛線，支架＃1－＃2－＃3－＃4
　－＃5－＃6，2 圈
‧橘紅色毛線，支架＃1－＃2－＃3－＃4
　－＃5－＃6，2 圈
‧藍色毛線，支架＃1－＃2－＃3－＃4
　－＃5－＃6，2 圈
‧深紅色毛線，支架＃1－＃2－＃3－＃4
　－＃5－＃6，2 圈
‧深藍色毛線，支架＃1－＃2－＃3－＃4
　－＃5－＃6，2 圈
（以上約占 3.5 公分，可自行增減圈數）

5. 包邊
‧白色毛線，支架＃1－＃2－＃3－＃4
　－＃5－＃6，上膠水，包棍末

6. 橋上領結
‧白色毛線，綁在木棒之間的壇面上

附加技法：橋上領結

■ 步驟：

1. 首先剪約1.5米的毛線，穿上膠針

2. 在任一木棒間的壇面上綁結

3. 從木棒下方繞過，到達下一個壇面，毛線從下方繞上來，再穿進去之前的線的前方

4. 整理一下確定領結落在壇面的中間，稍微拉緊，即完成領結

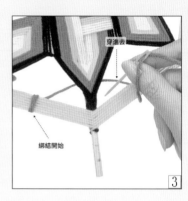

穿進去

綁結開始

3

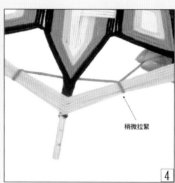

稍微拉緊

4

若你決定要盛放，
山無遮，海無攔。

在雜亂的生活中，
每天製造一點光。

六角提案3

■ 木棒組合：

■ 材料：
· 木棒：30 公分 x 3 根
· 毛線：薑黃色、藏青色、白色

■ 步驟：

1. 編織眼瞳
・薑黃色毛線，立架
・薑黃色毛線，支架＃1－＃2－＃3－＃4－＃5－＃6，12 圈
・藏青色毛線，支架＃1－＃2－＃3－＃4－＃5－＃6，3 圈
・白色毛線，支架＃1－＃2－＃3－＃4－＃5－＃6，1 圈
・藏青色毛線，支架＃1－＃2－＃3－＃4－＃5－＃6，1 圈
（以上約占 4.5 公分，可自行增減圈數）

2. 包棍架增高
・薑黃色毛線，支架＃1－＃2－＃3－＃4－＃5－＃6，2 圈
・最後一圈同時包支架＃1－＃2－＃3－＃4－＃5－＃6，增高 3 公分

3. 三角形
・藏青色毛線，支架＃1－＃3－＃5，3 圈
・白色毛線，支架＃1－＃3－＃5，3 圈
・薑黃色毛線，支架＃1－＃3－＃5，3 圈
・藏青色毛線，支架＃1－＃3－＃5，2 圈
・白色毛線，支架＃1－＃3－＃5，2 圈
（以上約占 3.5 公分，可自行增減圈數）

4. 穿插的三角形（可用膠針輔助）
・藏青色毛線，支架#2 開始，蓋過三角形的上方，經支架#3及三角形的的下方，繞到支架 #4
・蓋過三角形的上方，經支架 #5 及三角形的的下方，繞到支架 #6
・蓋過三角形的上方，經支架#1及三角形的的下方，繞到支架 #2
・跟隨以上路徑，共繞3 圈
・白色毛線，跟隨以上路徑，3 圈
・薑黃色毛線，跟隨以上路徑，3 圈
・藏青色毛線，跟隨以上路徑，2 圈
・白色毛線，跟隨以上路徑，2 圈
（以上約占 3.5 公分，與前一組三角形等大）

5. 圓環
・薑黃色毛線，支架＃1－＃2－＃3－＃4－＃5－＃6，4 圈
・藏青色毛線，支架＃1－＃2－＃3－＃4－＃5－＃6，4 圈
（以上約占 2 公分，可自行增減圈數）

6. 包邊
・白色毛線，支架＃1－＃2－＃3－＃4－＃5－＃6，4 圈
・最後一圈同時包邊，支架＃1－＃2－＃3－＃4 －＃5－＃6，上膠水，包棍末

六角提案4

■ 木棒組合：

■ 材料：
- 木棒：30 公分 x 3 根
- 毛線：白色、淺綠色、鮮綠色、深綠色、淺紫色、水藍色、紫色、藍色、深紫色、藏藍色

■ 步驟：

1. 編織眼瞳
· 白色毛線，立架
· 白色毛線，支架＃1－＃2－＃3－＃4－＃5－＃6，4 圈
· 淺綠色毛線，支架＃1－＃2－＃3－＃4－＃5－＃6，2 圈
· 鮮綠色毛線，支架＃1－＃2－＃3－＃4－＃5－＃6，2 圈
· 深綠色毛線，支架＃1－＃2－＃3－＃4－＃5－＃6，2 圈
（以上約占 2.5 公分，可自行增減圈數）

2. 三角形
· 白色毛線，支架＃2－＃4－＃6，3 圈（經支架＃1－＃3－＃5的下方繞過）
· 白色毛線，支架＃1－＃3－＃5，3 圈（經支架＃2－＃4－＃6的下方繞過）
· 淺紫色毛線，支架＃2－＃4－＃6，3 圈（經支架＃1－＃3－＃5的下方繞過）
· 水藍色毛線，支架＃1－＃3－＃5，3 圈（經支架＃2－＃4－＃6的下方繞過）
· 紫色毛線，支架＃2－＃4－＃6，3 圈（經支架＃1－＃3－＃5的下方繞過）
· 藍色毛線，支架＃1－＃3－＃5，3 圈（經支架＃2－＃4－＃6的下方繞過）
· 深紫色毛線，支架＃2－＃4－＃6，3 圈（經支架＃1－＃3－＃5的下方繞過）
· 藏藍色毛線，支架＃1　＃3　＃5，3 圈（經支架＃2－＃4－＃6的下方繞過）
（以上約占 2 公分，可自行增減圈數）

3. 包棍架增高
· 白色毛線，所有支架包 3 公分

4. 圓環＋包棍架增高
· 深綠色毛線，支架＃1－＃2－＃3－＃4－＃5－＃6，2 圈
· 鮮綠色毛線，支架＃1－＃2－＃3－＃4－＃5－＃6，2 圈
· 淺綠色毛線，支架＃1－＃2－＃3－＃4－＃5－＃6，2 圈
· 白色毛線，支架＃1－＃2－＃3－＃4－＃5－＃6，2 圈
· 最後一圈同時包支架＃1－＃2－＃3－＃4－＃5－＃6，增高 1.5 公分
（以上約占 3 公分，可自行增減圈數）

5. 三角形＋包邊
· 藏藍色毛線，支架＃1－＃3－＃5，3 圈
· 藍色毛線，支架＃1－＃3－＃5，3 圈
· 水藍色毛線，支架＃1－＃3－＃5，3 圈
· 白色毛線，支架＃1－＃3－＃5，3 圈
· 最後一圈同時包邊，支架＃1－＃3－＃5，上膠水，包棍末

6. 穿插的三角形＋包邊（可用膠針輔助）
· 深紫色毛線，支架＃2 開始，經支架＃3 上方，穿進藍色三角形及綠色圓環之間，繞到支架 ＃4
· 經支架＃5上方，穿進藍色三角形及綠色圓環之間，繞到支架 ＃6
· 經支架＃1上方，穿進藍色三角形及綠色圓環之間，繞到支架 ＃2
· 跟隨以上路徑，共繞 3 圈
· 紫色毛線，跟隨以上路徑，3 圈
· 淺紫色毛線，跟隨以上路徑，3 圈
· 白色毛線，跟隨以上路徑，3 圈
· 最後一圈同時包邊，支架＃2－＃4－＃6，上膠水，包棍末

灰暗的日子，
更要細心收集星光。

你不需要完美，
你需要的，是完整。

八角提案

八角提案1

■ 木棒組合：

■ 材料：
・木棒：30 公分 x 4 根
・毛線：白色、酒紅色、淺紅色

■ 步驟：

1. 編織上眼瞳
・白色毛線，立架
・白色毛線，支架＃1－＃3－＃5－＃7，
　8圈
・酒紅色毛線，支架＃1－＃3－＃5－
　＃7，1圈
（以上約占 2.5 公分，可自行增減圈數）

2. 編織下眼瞳
・白色毛線，立架
・白色毛線，支架＃2－＃4－＃6－＃8，
　8圈
・淺紅色毛線，支架＃2－＃4－＃6－
　＃8，1圈
（以上約占 2.5 公分，與上眼瞳等大）

3. 翅膀（合併兩組眼瞳）
・白色毛線，支架＃1－＃5，7圈
・白色毛線，支架＃3－＃7，7圈
・白色毛線，支架＃2－＃6，7圈
・白色毛線，支架＃4－＃8，7圈，可不
　剪斷
（以上約占 1.5 公分，可自行增減圈數）

4. 圓環
・白色毛線，支架＃1－＃2－＃3－＃4
　－＃5－＃6－＃7－＃8，5圈，在各支
　架包 2 圈
・淺紅色毛線，支架＃1－＃2－＃3－＃4
　－＃5－＃6－＃7－＃8，1圈
（以上約占 1 公分，可自行增減圈數）

5. 方形
・白色毛線，支架＃1－＃3－＃5－＃7，
　8 圈（經支架＃2－＃4－＃6－＃8 的
　下方繞過）
・淺紅色毛線，支架＃1－＃3－＃5－
　＃7，1圈 （經支架＃2－＃4－＃6－
　＃8 的下方繞過）
（以上約占 1.5 公分，可自行增減圈數）
・白色毛線，支架＃2－＃4－＃6－
　＃8，8 圈（經支架＃1－＃3－＃5－
　＃7 的下方繞過）

・淺紅色毛線，支架＃2－＃4－＃6－
　＃8，8 圈（經支架＃1－＃3－＃5－
　＃7 的下方繞過）
（以上約占 1.5 公分，與前一組方形等
　大）
・白色毛線，支架＃1－＃3－＃5－＃7，
　8 圈（經支架＃2－＃4－＃6－＃8 的
　下方繞過）
・酒紅色，支架＃1－＃3－＃5－＃7，1
　圈 （經支架＃2－＃4－＃6－＃8 的下
　方繞過）
（以上約占 1.5 公分，可自行增減圈數）
・白色毛線，支架＃2－＃4－＃6－
　＃8，8 圈（經支架＃1－＃3－＃5－
　＃7 的下方繞過）
・酒紅色毛線，支架＃2－＃4－＃6－
　＃8，8 圈（經支架＃1－＃3－＃5－
　＃7 的下方繞過）
（以上約占 1.5 公分，與前一組方形等
　大）

6. 花瓣
・白色毛線，支架＃1－＃4－＃7－＃2
　－＃5－＃8－＃3－＃6，8 圈（經所
　有支架 的下方繞過）
・淺紅色毛線，支架＃1－＃4－＃7－
　＃2－＃5－＃8－＃3－＃6，1 圈
　（經所有支架的下方繞過）
（以上約占 1.5 公分，可自行增減圈數）

7. 圓環
・白色毛線，支架＃1－＃2－＃3－＃4
　－＃5－＃6－＃7－＃8，3圈
・淺紅色毛線，支架＃1－＃2－＃3－
　＃4－＃5－＃6－＃7－＃8，1圈
・白色毛線，支架＃1－＃2－＃3－＃4
　－＃5－＃6－＃7－＃8，2圈
・酒紅色毛線，支架＃1－＃2－＃3－
　＃4－＃5－＃6－＃7－＃8，1圈
（以上約占 1.2 公分，可自行增減圈數）

8. 方形 + 包邊

・白色毛線，支架＃1－＃3－＃5－＃7，
　5 圈（經支架＃2－＃4－＃6 －＃8 的
　下方繞過）

・酒紅色毛線，支架＃1－＃3－＃5－
　＃7，上膠水，包棍末（經支架＃2－
　＃4－＃6 －＃8 的下方繞過）

・白色毛線，支架＃2－＃4－＃6 －
　＃8，5 圈（經支架＃1－＃3－＃5－
　＃7 的下方繞過）

・酒紅色毛線，支架＃2－＃4－＃6 －
　＃8，上膠水，包棍末（經支架＃1－
　＃3－＃5－＃7 的下方繞過）

附加技法：組合兩組眼瞳

八角形的生命之眼，需要把兩組的眼瞳組合起來。
首先要編織上、下兩組的眼瞳。

■ 步驟：

1. 兩組眼瞳放在一起，角度成45度，呈八角形
2. 左手拿棍架，右手繞線（這裡用圓環來作示範）
3. 邊繞線邊整理角度，繞完八根木棒，即完成一圈

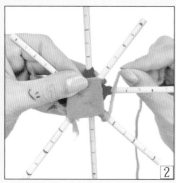
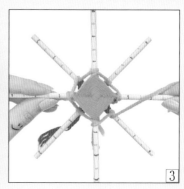

幸福是，
把普通的日子過得浪漫一些。

八角提案2

■ 木棒組合：

┼ + ╳ = ✳

■ 材料：

・木棒：30 公分 x 4 根
・毛線：白色、藏青色、天藍色、黑色、淺棕色、正紅色、橘色、鮮黃色、明綠色、卡
　其色、淺紫色、淺棕色、紫色、棕色、深紫色

■ 步驟：

1. 編織上眼瞳
・白色毛線，立架
・白色毛線，支架＃1－＃3－＃5－＃7，6圈
・藏青色毛線，支架＃1－＃3－＃5－＃7，1圈
・天藍色毛線，支架＃1－＃3－＃5－＃7，3圈
（以上約占2.5公分，可自行增減圈數）

2. 編織下眼瞳
・淺棕色毛線，立架
・淺棕色毛線，支架＃2－＃4－＃6－＃8，10圈
（以上約占2.5公分，與上眼瞳等大）

3. 翅膀（合併兩組眼瞳）
・黑色毛線，支架＃1－＃5，3圈
・黑色毛線，支架＃3－＃7，3圈
・黑色毛線，支架＃2－＃6，3圈
・黑色毛線，支架＃4－＃8，3圈
・淺棕色毛線，支架＃1－＃5，3圈
・淺棕色毛線，支架＃3－＃7，3圈
・淺棕色毛線，支架＃2－＃6，3圈
・淺棕色毛線，支架＃4－＃8，3圈
・正紅色毛線，支架＃1－＃5，3圈
・正紅色毛線，支架＃3－＃7，3圈
・正紅色毛線，支架＃2－＃6，3圈
・正紅色毛線，支架＃4－＃8，3圈
・橘色毛線，支架＃1－＃5，3圈
・橘色毛線，支架＃3－＃7，3圈
・橘色毛線，支架＃2－＃6，3圈
・橘色毛線，支架＃4－＃8，3圈
・鮮黃色毛線，支架＃1－＃5，3圈
・鮮黃色毛線，支架＃3－＃7，3圈
・鮮黃色毛線，支架＃2－＃6，3圈
・鮮黃色毛線，支架＃4－＃8，3圈
（以上約占4公分，可自行增減圈數）

4. 圓環
・明綠色毛線，支架＃1－＃2－＃3－＃4－＃5－＃6－＃7－＃8，3圈
・天藍色毛線，支架＃1－＃2－＃3－＃4－＃5－＃6－＃7－＃8，2圈
・藏青色毛線，支架＃1－＃2－＃3－＃4－＃5－＃6－＃7－＃8，1圈
・天藍色毛線，支架＃1－＃2－＃3－＃4－＃5－＃6－＃7－＃8，2圈
・明綠色毛線，支架＃1－＃2－＃3－＃4－＃5－＃6－＃7－＃8，3圈
（以上約占2公分，可自行增減圈數）

5. 方形
・卡其色毛線，支架＃2－＃4－＃6－＃8，4圈（經支架＃1－＃3－＃5－＃7的下方繞過）
・黑色毛線，支架＃2－＃4－＃6－＃8，1圈（經支架＃1－＃3－＃5－＃7的下方繞過）
（以上約占1公分，可自行增減圈數）
・淺紫色毛線，支架＃1－＃3－＃5－＃7，4圈（經支架＃2－＃4－＃6－＃8的下方繞過）
・黑色毛線，支架＃1－＃3－＃5－＃7，1圈（經支架＃2－＃4－＃6－＃8的下方繞過）
（以上約占1公分，與前一組方形等大）

6. 方形
・淺棕色毛線，支架＃2－＃4－＃6－＃8，4圈（經支架＃1－＃3－＃5－＃7的下方繞過）
・黑色毛線，支架＃2－＃4－＃6－＃8，1圈（經支架＃1－＃3－＃5－＃7的下方繞過）
（以上約占1公分，可自行增減圈數）
・紫色毛線，支架＃1－＃3－＃5－＃7，4圈（經支架＃2－＃4－＃6－＃8的下方繞過）
・黑色毛線，支架＃1－＃3－＃5－＃7，1圈（經支架＃2－＃4－＃6－＃8的下方繞過）
（以上約占1公分，與前一組方形等大）

7. 方形
・棕色毛線，支架＃2－＃4－＃6－＃8，4圈（經支架＃1－＃3－＃5－

#7 的下方繞過）

· 黑色毛線，支架#2－#4－#6 － #8，1 圈（經支架#1－#3－#5－ #7 的下方繞過）

（以上約占 1 公分，可自行增減圈數）

· 深紫色毛線，支架#1－#3－#5－ #7，4 圈（經支架#2－#4－#6 － #8 的下方繞過）

· 黑色毛線，支架#1－#3－#5－#7， 1 圈（經支架#2－#4－#6 －#8 的 下方繞過）

（以上約占 1 公分，與前一組方形等大）

8. 圓環

· 明綠色毛線，支架#1－#2－#3－#4 －#5－#6－#7－#8，2 圈

· 天藍色毛線，支架#1－#2－#3－#4 －#5－#6－#7－#8，1 圈

· 藏青色毛線，支架#1－#2－#3－#4 －#5－#6－#7－#8，1 圈

· 天藍色毛線，支架#1－#2－#3－#4 －#5－#6－#7－#8，1 圈

· 明綠色毛線，支架#1－#2－#3－#4 －#5－#6 －#7－#8，2 圈

（以上約占 1 公分，可自行增減圈數）

9. 花瓣＋包邊

· 黑色毛線，支架#1－#4－#7 －#2 －#5－#8 －#3 －#6，2 圈（經所 有支架的下方繞過）

· 淺棕色毛線，支架#1－#4－#7 － #2－#5－#8 －#3 －#6，2 圈 （經所有支架的下方繞過）

· 正紅色毛線，支架#1－#4－#7 － #2 －#5－#8 －#3 －#6，2 圈 （經所有支架的下方繞過）

· 橘色毛線，支架#1－#4－#7 －#2 －#5－#8 －#3 －#6，2 圈（經所 有支架的下方繞過）

· 鮮黃色毛線，支架#1－#4－#7 － #2 －#5－#8 －#3 －#6，2 圈 （經所有支架的下方繞過）

· 最後一圈同時包邊，支架#1－#4－ #7－#2 －#5－#8 －#3 －#6， 上膠水，包棍末

靜靜地，
　　繞出一份內心的安穩。

八角提案3

■ 木棒組合：

■ 材料：
・木棒：30公分 x 4根
・毛線：白色、正紅色、橘紅色、鵝黃色、鮮綠色、天藍色、深藍色、深紫色

■ 步驟：

1. 編織上眼瞳
· 正紅色毛線，立架
· 正紅色毛線，支架＃1－＃3－＃5－
　＃7，7圈
（以上約占2公分，可自行增減圈數）

2. 編織下眼瞳
· 正紅色毛線，立架
· 正紅色毛線，支架＃2－＃4－＃6－
　＃8，7圈
（以上約占2公分，與上眼瞳等大）

3. 圓環（合併兩組眼瞳）＋領結
· 正紅色毛線，支架＃1－＃2－＃3－＃4
　－＃5－＃6－＃7－＃8，6圈
· 白色毛線，支架＃1－＃2－＃3－＃4
　－＃5－＃6－＃7－＃8，1圈，綁出
　領結
（以上約占1公分，可自行增減圈數）

4. 圓環＋領結
· 橘紅色毛線，支架＃1－＃2－＃3－＃4
　－＃5－＃6－＃7－＃8，7圈
· 白色毛線，支架＃1－＃2－＃3－＃4
　－＃5－＃6－＃7－＃8，1圈，綁出
　領結
（以上約占1.2公分，可自行增減圈數）

5. 圓環＋領結
· 鵝黃色毛線，支架＃1－＃2－＃3－＃4
　－＃5－＃6－＃7－＃8，7圈
· 白色毛線，支架＃1－＃2－＃3－＃4
　－＃5－＃6－＃7－＃8，1圈，綁出
　領結
（以上約占1.2公分，可自行增減圈數）

6. 圓環＋領結
· 鮮綠色毛線，支架＃1－＃2－＃3－＃4
　－＃5－＃6－＃7－＃8，7圈
· 白色毛線，支架＃1－＃2－＃3－＃4
　－＃5－＃6－＃7－＃8，1圈，綁出
　領結
（以上約占1.2公分，可自行增減圈數）

7. 圓環＋領結
· 天藍色毛線，支架＃1－＃2－＃3－＃4
　－＃5－＃6－＃7－＃8，7圈
· 白色毛線，支架＃1－＃2－＃3－＃4
　－＃5－＃6－＃7－＃8，1圈，綁出
　領結
（以上約占1.2公分，可自行增減圈數）

8. 圓環＋領結
· 深藍色毛線，支架＃1－＃2－＃3－＃4
　－＃5－＃6－＃7－＃8，7圈
· 白色毛線，支架＃1－＃2－＃3－＃4
　－＃5－＃6－＃7－＃8，1圈，綁出
　領結
（以上約占1.2公分，可自行增減圈數）

9. 圓環
· 深紫色毛線，支架＃1－＃2－＃3－＃4
　－＃5－＃6－＃7－＃8，7圈
（以上約占1公分，可自行增減圈數）

10. 領結＋包邊
· 白色毛線，支架＃1－＃2－＃3－＃4
　－＃5－＃6－＃7－＃8，綁出領結，
　上膠水，包棍末

附加技法：領結

■ 步驟：

1. 首先剪約2米的毛線，穿上膠針

2. 在任一沒有線頭的木棒上綁結

3. 從壇面前方繞過，膠針從上而下插進去

4. 再從下而上，穿進去剛才的毛線圈

5. 整理一下確定領結落在壇面的中間，稍微拉緊，即完成領結

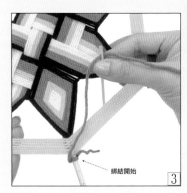

綁結開始 ③

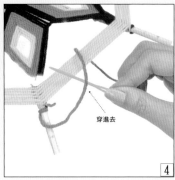

穿進去 ④

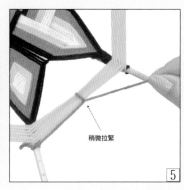

稍微拉緊 ⑤

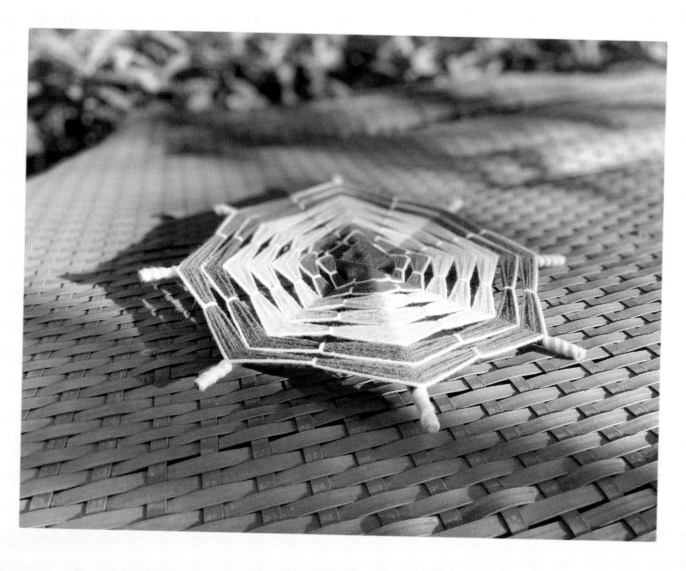

一個人對幸福的全然感受，
就蘊藏在一圈一圈的迴旋裡。

八角提案4

■ 木棒組合：

■ 材料：

・木棒：30 公分 x 2 根、25 公分 x 2 根
・毛線：白色、藍色、天藍色、薑黃色

■ 步驟：

1. 編織上眼瞳（30公分）
· 白色毛線，立架
· 白色毛線，支架#1－#3－#5－#7，
　5 圈
· 藍色毛線，支架#1－#3－#5－#7，
　5 圈
· 白色毛線，支架#1－#3－#5－#7，
　5 圈
（以上約占 3.5 公分，可自行增減圈數）

2. 編織下眼瞳（25公分）
· 白色毛線，立架
· 白色毛線，支架#2－#4－#6－#8，
　15 圈
（以上約占 3.5 公分，與上眼瞳等大）

3. 方形（合併兩組眼瞳，30公分在上
　面，25公分在下面）
· 天藍色毛線，支架#1－#3－#5－
　#7，5 圈（經支架#2－#4－#6 －
　#8 的下方繞過）
（以上約占 1 公分，可自行增減圈數）
· 白色毛線，支架#2－#4－#6 －
　#8，5 圈（經支架#1－#3－#5－
　#7 的下方繞過）
（以上約占 1 公分，與前一組方形等大）
· 藍色毛線，支架#1－#3－#5－#7，
　5 圈（經支架#2－#4－#6 －#8 的
　下方繞過）
（以上約占 1 公分，與前一組方形等大）
· 白色毛線，支架#2－#4－#6 －
　#8，5 圈（經支架#1－#3－#5－
　#7 的下方繞過）
（以上約占 1 公分，與前一組方形等大）
· 天藍色毛線，支架#1－#3－#5－
　#7，5 圈（經支架#2－#4－#6 －
　#8 的下方繞過）
（以上約占 1 公分，與前一組方形等大）
· 白色毛線，支架#2－#4－#6 －
　#8，5 圈（經支架#1－#3－#5－
　#7 的下方繞過）
（以上約占 1 公分，與前一組方形等大）
· 藍色毛線，支架#1－#3－#5－#7，

5 圈（經支架#2－#4－#6 －#8 的
下方繞過）
（以上約占 1 公分，與前一組方形等大）
· 白色毛線，支架#2－#4－#6 －
　#8，5 圈（經支架#1－#3－#5－
　#7 的下方繞過）
（以上約占 1 公分，與前一組方形等大）
· 天藍色毛線，支架#1－#3－#5－
　#7，5 圈（經支架#2－#4－#6 －
　#8 的下方繞過）
（以上約占 1 公分，與前一組方形等大）
· 白色毛線，支架#2－#4－#6 －
　#8，5 圈（經支架#1－#3－#5－
　#7 的下方繞過）
（以上約占 1 公分，與前一組方形等大）

4. 花瓣 + 部分包邊
· 薑黃色毛線，支架#1－#4－#7 －
　#2 －#5－#8 －#3 －#6，4 圈
　（經所有支架 的下方繞過）
· 藍色毛線，支架#1－#4－#7 －#2
　－#5－#8 －#3 －#6，4 圈（經所
　有支架 的下方繞過）
· 最後一圈，#1#3#5#7繼續繞線，
　#2#4#6#8上膠水，包棍末

5. 方形 + 包邊
· 白色毛線，支架#1－#3－#5－#7，
　5 圈（經支架#2－#4－#6 －#8 的
　下方繞過）
· 天藍色毛線，支架#1－#3－#5－
　#7，5 圈（經支架#2－#4－#6 －
　#8 的下方繞過）
· 藍色毛線，支架#1－#3－#5－#7，
　5 圈（經支架#2－#4－#6 －#8 的
　下方繞過）
· 最後一圈同時包邊，支架#1－#3－
　#5－#7，上膠水，包棍末

如果線頭已經給換線後的毛線好好蓋住了，即代表
這個結已經非常安全，不會再鬆開。這些沒有用的
線頭，請馬上剪掉，讓你的棍架留下最少的線頭，
減低干擾，讓你的狀態更澄明。

你的生活中有無用的線頭，一直在飄嗎？你要如何
清理這些阻擋你變得更清爽的雜物呢？

安靜下來，慢慢的，一點點的，
和靈魂相遇。

八角提案5

■ 木棒組合：

■ 材料：
・木棒：30 公分 x 4 根
・毛線：黑色、薑黃色、紅棕色、湖藍色、鵝黃色

■ 步驟：

1. 編織上眼瞳
・黑色毛線，立架
・黑色毛線，支架＃1－＃3－＃5－＃7，3圈
・薑黃色毛線，支架＃1－＃3－＃5－＃7，3圈
・黑色毛線，支架＃1－＃3－＃5－＃7，1圈
・薑黃色毛線，支架＃1－＃3－＃5－＃7，2圈
・黑色毛線，支架＃1－＃3－＃5－＃7，1圈
・紅棕色毛線，支架＃1－＃3－＃5－＃7，4圈
・黑色毛線，支架＃1－＃3－＃5－＃7，1圈
（以上約占3.5公分，可自行增減圈數）

2. 編織下眼瞳
・湖藍色毛線，立架
・湖藍色毛線，支架＃2－＃4－＃6－＃8，14圈
・黑色毛線，支架＃2－＃4－＃6－＃8，1圈
（以上約占3.5公分，與上眼瞳等大）

3. 花瓣（合併兩組眼瞳）
・鵝黃色毛線，支架＃1－＃4－＃7－＃2－＃5－＃8－＃3－＃6，8圈（經所有支架的下方繞過）
・湖藍色毛線，支架＃1－＃4－＃7－＃2－＃5－＃8－＃3－＃6，2圈（經所有支架的下方繞過）
（以上約占2.5公分，可自行增減圈數）

4. 方形
・黑色毛線，支架＃1－＃3－＃5－＃7，1圈（經支架＃2－＃4－＃6－＃8的下方繞過）
・黑色毛線，支架＃2－＃4－＃6－＃8，1圈（經支架＃1－＃3－＃5－＃7的下方繞過）

5. 方形
・紅棕色毛線，支架＃1－＃3－＃5－＃7，7圈（經支架＃2－＃4－＃6－＃8的下方繞過）
（以上約占1.5公分，可自行增減圈數）
・紅棕色毛線，支架＃2－＃4－＃6－＃8，7圈（經支架＃1－＃3－＃5－＃7的下方繞過）
（以上約占1.5公分，與前一組方形等大）

6. 方形
・黑色毛線，支架＃1－＃3－＃5－＃7，1圈（經支架＃2－＃4－＃6－＃8的下方繞過）
・黑色毛線，支架＃2－＃4－＃6－＃8，1圈（經支架＃1－＃3－＃5－＃7的下方繞過）

7. 方形
・薑黃色毛線，支架＃1－＃3－＃5－＃7，6圈（經支架＃2－＃4－＃6－＃8的下方繞過）
（以上約占1.5公分，可自行增減圈數）
・薑黃色毛線，支架＃2－＃4－＃6－＃8，6圈（經支架＃1－＃3－＃5－＃7的下方繞過）
（以上約占1.5公分，與前一組方形等大）

8. 方形
・黑色毛線，支架＃1－＃3－＃5－＃7，1圈（經支架＃2－＃4－＃6－＃8的下方繞過）
・黑色毛線，支架＃2－＃4－＃6－＃8，1圈（經支架＃1－＃3－＃5－＃7的下方繞過）

9. 花瓣
・鵝黃色毛線，支架＃1－＃4－＃7－＃2－＃5－＃8－＃3－＃6，8圈（經所有支架的下方繞過）
・湖藍色毛線，支架＃1－＃4－＃7－＃2－＃5－＃8－＃3－＃6，2圈

（經所有支架 的下方繞過）

（以上約占 2.5 公分，可自行增減圈數）

10. 方形

・黑色毛線，支架＃1－＃3－＃5－＃7，
1 圈（經支架＃2－＃4－＃6－
＃8 的下方繞過）

・黑色毛線，支架＃2－＃4－＃6－
＃8，1 圈（經支架＃1－＃3－＃5－
＃7 的下方繞過）

11. 方形

・紅棕色毛線，支架＃1－＃3－＃5－
＃7，7 圈（經支架＃2－＃4－＃6－
＃8 的下方繞過）

（以上約占 1.5 公分，可自行增減圈數）

・薑黃色毛線，支架＃2－＃4－＃6－
＃8，7 圈（經支架＃1－＃3－＃5－
＃7 的下方繞過）

（以上約占 1.5 公分，與前一組方形等
大）

12. 包邊

・黑色毛線，支架＃1－＃3－＃5－＃7，
上膠水，包棍末（經支架＃2－＃4－
＃6－＃8 的下方繞過）

・黑色毛線，支架＃2－＃4－＃6－
＃8，上膠水，包棍末（經支架＃1－
＃3－＃5－＃7 的下方繞過）

正念時刻 5

剪出來的線頭，有好好地集中在一起嗎？建議你可以放在一個杯子或小盤子上。
保持外在環境的整潔，直接正面地影響你的身心狀態，及編織出來的作品。

努力讓自己發光，
　　對的人就會迎光而至。

八角提案6

■ 木棒組合：

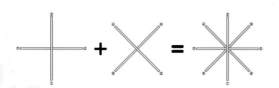

■ 材料：
· 木棒：30 公分 x 4 根
· 毛線：白色、正紅色、橘色、鵝黃色、鮮綠色、水藍色、藍色、深紫色

■ 步驟：

1. 編織上眼瞳
・白色毛線，立架
・白色毛線，支架＃1－＃3－＃5－＃7，
　7圈
（以上約占2公分，可自行增減圈數）

2. 編織下眼瞳
・白色毛線，立架
・白色毛線，支架＃2－＃4－＃6－＃8，
　7圈
（以上約占2公分，與上眼瞳等大）

3. 圓環（合併兩組眼瞳）
・白色毛線，支架＃1－＃2－＃3－＃4
　－＃5－＃6－＃7－＃8，4圈
（以上約占1公分，可自行增減圈數）

4. 方形
・正紅色毛線，支架＃1－＃3－＃5－
　＃7，4圈（經支架＃2－＃4－＃6－
　＃8的下方繞過）
（以上約占1公分，可自行增減圈數）
・白色毛線，支架＃2－＃4－＃6－＃，
　4圈（經支架＃1－＃3－＃5－＃7的
　下方繞過）
（以上約占1公分，與前一組方形等大）

5. 方形
・橘色毛線，支架＃1－＃3－＃5－＃7，
　4圈（經支架＃2－＃4－＃6－＃8的
　下方繞過）
（以上約占1公分，可自行增減圈數）
・白色毛線，支架＃2－＃4－＃6－
　＃8，4圈（經支架＃1－＃3－＃5－
　＃7的下方繞過）
（以上約占1公分，與前一組方形等大）

6. 方形
・鵝黃色毛線，支架＃1－＃3－＃5－
　＃7，4圈（經支架＃2－＃4－＃6－
　＃8的下方繞過）
（以上約占1公分，可自行增減圈數）
・白色毛線，支架＃2－＃4－＃6－

＃8，4圈（經支架＃1－＃3－＃5－
＃7的下方繞過）
（以上約占1公分，與前一組方形等大）

7. 方形
・鮮綠色毛線，支架＃1－＃3－＃5－
　＃7，4圈（經支架＃2－＃4－＃6－
　＃8的下方繞過）
（以上約占1公分，可自行增減圈數）
・白色毛線，支架＃2－＃4－＃6－
　＃8，4圈（經支架＃1－＃3－＃5－
　＃7的下方繞過）
（以上約占1公分，與前一組方形等大）

8. 方形
・水藍色毛線，支架＃1－＃3－＃5－
　＃7，4圈（經支架＃2－＃4－＃6－
　＃8的下方繞過）
（以上約占1公分，可自行增減圈數）
・白色毛線，支架＃2－＃4－＃6－
　＃8，4圈（經支架＃1－＃3－＃5－
　＃7的下方繞過）
（以上約占1公分，與前一組方形等大）

9. 方形
・藍色毛線，支架＃1－＃3－＃5－＃7，
　4圈（經支架＃2－＃4－＃6－＃8的
　下方繞過）
（以上約占1公分，可自行增減圈數）
・白色毛線，支架＃2－＃4－＃6－
　＃8，4圈（經支架＃1－＃3－＃5－
　＃7的下方繞過）
（以上約占1公分，與前一組方形等大）

10. 方形
・深紫色毛線，支架＃1－＃3－＃5－
　＃7，4圈（經支架＃2－＃4－＃6－
　＃8的下方繞過）
（以上約占1公分，可自行增減圈數）
・白色毛線，支架＃2－＃4－＃6－
　＃8，4圈（經支架＃1－＃3－＃5－
　＃7的下方繞過）
（以上約占1公分，與前一組方形等大）

11. 圓環
・正紅色毛線，支架＃1－＃2－＃3－＃4
－＃5－＃6－＃7－＃8，2 圈
・橘色毛線，支架＃1－＃2－＃3－＃4
－＃5－＃6－＃7－＃8，2 圈
・鵝黃色毛線，支架＃1－＃2－＃3－＃4
－＃5－＃6－＃7－＃8，2 圈
・鮮綠色毛線，支架＃1－＃2－＃3－＃4
－＃5－＃6－＃7－＃8，2 圈
・水藍色毛線，支架＃1－＃2－＃3－＃4
－＃5－＃6－＃7－＃8，2 圈
・藍色毛線，支架＃1－＃2－＃3－＃4
－＃5－＃6－＃7－＃8，2 圈
・深紫色，支架＃1－＃2－＃3－＃4 －
＃5－＃6－＃7－＃8，2 圈
（以上約占 2.5 公分，可自行增減圈數）

12. 包棍架增高
・白色毛線，＃1－＃2－＃3－＃4 －
＃5－＃6 －＃7－＃8，所有支架包2公
分，不剪斷

13. 穿插的花瓣 + 包邊（可用膠針輔助）
・白色毛線，支架＃1開始，蓋過圓環，
從支架#2前方插進去，經過#2及#3的
下方，穿上來蓋過圓環，繞到支架＃4

・蓋過圓環，從支架#5前方插進去，經過
#5及#6的下方，穿上來蓋過圓環，繞
到支架＃7
・蓋過圓環，從支架#8前方插進去，經過
#8及#1的下方，穿上來蓋過圓環，繞
到支架＃2
・蓋過圓環，從支架#3前方插進去，經過
#3及#4的下方，穿上來蓋過圓環，繞
到支架＃5
・蓋過圓環，從支架#6前方插進去，經過
#6及#7的下方，穿上來蓋過圓環，繞
到支架＃8
・蓋過圓環，從支架#1前方插進去，經過
#1及#2的下方，穿上來蓋過圓環，繞
到支架＃3
・蓋過圓環，從支架#4前方插進去，經過
#4及#5的下方，穿上來蓋過圓環，繞
到支架＃6
・蓋過圓環，從支架#7前方插進去，經過
#7及#8的下方，穿上來蓋過圓環，回
到支架＃1
・跟隨以上路徑，共繞 2 圈
・最後一圈同時包邊，＃1－＃4－＃7 －
＃2 －＃5－＃8 －＃3 －＃6，上膠
水，包棍末

生命是雨後的彩虹，
你若凝視，便是永恆。

八角提案7

■ 木棒組合：

＋ ＋ ╳ ＝ ✳

■ 材料：
・木棒：30 公分 x 4 根
・毛線：深綠色、鮮綠色、淺綠色、白色

■ 步驟：

1. 編織上眼瞳
・深綠色毛線，立架
・深綠色毛線，支架＃1－＃3－＃5－
　＃7，2 圈
・鮮綠色毛線，支架＃1－＃3－＃5－
　＃7，2 圈
・淺綠色毛線，支架＃1－＃3－＃5－
　＃7，2 圈
・白色毛線，支架＃1－＃3－＃5－＃7，
　2 圈
（以上約占 2 公分，可自行增減圈數）

2. 編織下眼瞳
・白色毛線，立架
・白色毛線，支架＃2－＃4－＃6－＃8，
　8 圈
（以上約占 2 公分，與上眼瞳等大）

3. 方形（合併兩組眼瞳）
・深綠色毛線，支架＃1－＃3－＃5－
　＃7，3 圈（經支架＃2－＃4－＃6－
　＃8 的下方繞過）
（以上約占 0.6 公分，可自行增減圈數）
・深綠色毛線，支架＃2－＃4－＃6－
　＃8，3 圈（經支架＃1－＃3－＃5－
　＃7 的下方繞過）
（以上約占 0.6 公分，與前一組方形等
　大）

4. 方形
・鮮綠色毛線，支架＃1－＃3－＃5－
　＃7，3 圈（經支架＃2－＃4－＃6－
　＃8 的下方繞過）
（以上約占 0.6 公分，可自行增減圈數）
・鮮綠色毛線，支架＃2－＃4－＃6－
　＃8，3 圈（經支架＃1－＃3－＃5－
　＃7 的下方繞過）
（以上約占 0.6 公分，與前一組方形等
　大）

5. 方形
・白色毛線，支架＃1－＃3－＃5－＃7，
　2 圈（經支架＃2－＃4－＃6－＃8 的
　下方繞過）
（以上約占 0.6 公分，可自行增減圈數）
・白色毛線，支架＃2－＃4－＃6 －
　＃8，2 圈（經支架＃1－＃3－＃5－
　＃7 的下方繞過）
（以上約占 0.6 公分，與前一組方形等
　大）

6. 圓環
・淺綠色毛線，支架＃1－＃2－＃3－＃4
　－＃5－＃6－＃7－＃8，3 圈
・鮮綠色毛線，支架＃1－＃2－＃3－＃4
　－＃5－＃6－＃7－＃8，3 圈
・深綠色毛線，支架＃1－＃2－＃3－＃4
　－＃5－＃6－＃7－＃8，3 圈
（以上約占 1.5 公分，可自行增減圈數）

7. 方形
・白色毛線，支架＃1－＃3－＃5－＃7，
　6 圈（經支架＃2－＃4－＃6 －＃8 的
　下方繞過）
・鮮綠色毛線，支架＃1－＃3－＃5－
　＃7，3 圈（經支架＃2－＃4－＃6 －
　＃8 的下方繞過）
（以上約占 2 公分，可自行增減圈數）
・白色毛線，支架＃2－＃4－＃6 －
　＃8，6 圈（經支架＃1－＃3－＃5－
　＃7 的下方繞過）
・鮮綠色毛線，支架＃2－＃4－＃6 －
　＃8，3 圈（經支架＃1－＃3－＃5－
　＃7 的下方繞過）
（以上約占 2 公分，與前一組方形等大）

8. 方形＋包棍架增高
・淺綠色毛線，支架＃1－＃3－＃5－
　＃7，6 圈（經支架＃2－＃4－＃6 －
　＃8 的下方繞過）
・深綠色毛線，支架＃1－＃3－＃5－
　＃7，3 圈（經支架＃2－＃4－＃6 －
　＃8 的下方繞過）
・最後一圈同時包支架＃1－＃3－＃5－
　＃7，增高 1.5 公分
（以上約占 3.5 公分，可自行增減圈數）
・淺綠色毛線，支架＃2－＃4－＃6 －

#8，6 圈（經支架#1－#3－#5－
#7 的下方繞過）
・深綠色毛線，支架#2－#4－#6 －
#8，3 圈（經支架#1－#3－#5－
#7 的下方繞過）
・最後一圈同時包支架#2－#4－#6 －
#8，增高 1.5 公分
（以上約占 3.5 公分，與前一組方形等
大）

9. 方形 + 包邊
・白色毛線，支架#1－#3－#5－#7，
3 圈
・淺綠色毛線，支架#1－#3－#5－
#7，3 圈
・鮮綠色毛線，支架#1－#3－#5－
#7，3 圈
・深綠色毛線，支架#1－#3－#5－
#7，3 圈
・最後一圈同時包邊，支架#1－#3－
#5－#7，上膠水，包棍末

10. 穿插的方形（可用膠針輔助）
・白色毛線，支架#2 開始，經前一個方
形的下方，從支架#3前方穿上來，蓋過
方形繞到支架 #4
・經前一個方形的下方，從支架#5前方穿
上來，蓋過方形繞到支架 #6

・經前一個方形的下方，從支架#7前方穿
上來，蓋過方形繞到支架 #8
・經前一個方形的下方，從支架#1前方穿
上來，蓋過方形繞到支架 #2
・跟隨以上路徑，共繞 3 圈

11. 穿插的方形（可用膠針輔助）
・淺綠色毛線，支架#2－#4－#6 －
#8，跟隨以上路徑，共繞3 圈

12. 穿插的方形（可用膠針輔助）
・鮮綠色毛線，支架#2－#4－#6 －
#8，跟隨以上路徑，共繞3 圈

13. 穿插的方形 + 包邊（可用膠針輔助）
・深綠色毛線，支架#2－#4－#6 －
#8，跟隨以上路徑，共繞3 圈
・最後一圈同時包邊，支架#2－#4－
#6－#8 ，上膠水，包棍末

正念時刻 6

　　每一次換線的時候，深呼吸三下，或喝口水，或重新調整姿勢，告訴自己，我又
完成了一壇，好棒！現在我要繼續往前走囉～

一呼一吸，念念分明，
　　是我們活著的證明。

八角提案8

■ 木棒組合：

■ 材料：

・木棒：30 公分 x 4 根
・毛線：乳白色、膚色、深紅色、藏藍色、正紅色、湖藍色、紅色、藍色、淺紅色、藏
青色、粉紅色、天藍色

■ 步驟：

1. 編織上眼瞳
 ‧乳白色毛線，立架
 ‧乳白色毛線，支架＃1－＃3－＃5－
  ＃7，7 圈
 （以上約占 2 公分，可自行增減圈數）

2. 編織下眼瞳
 ‧乳白色毛線，立架
 ‧乳白色毛線，支架＃2－＃4－＃6－
  ＃8，7 圈
 （以上約占 2 公分，與上眼瞳等大）

3. 翅膀（合併兩組眼瞳）
 ‧乳白色毛線，支架＃1－＃5，3 圈
 ‧乳白色毛線，支架＃3－＃7，3 圈
 ‧膚色毛線，支架＃1－＃5，3 圈
 ‧膚色毛線，支架＃3－＃7，3 圈
 （以上約占 1.2 公分，可自行增減圈數）

4. 方形
 ‧深紅色毛線，支架＃2－＃4－＃6－
  ＃8，7 圈（經支架＃1－＃3－＃5－
  ＃7 的下方繞過）
 （以上約占 1.2 公分，與前一組翅膀等
  大）

5. 方形
 ‧藏藍色毛線，支架＃1－＃3－＃5－
  ＃7，4 圈（經支架＃2－＃4－＃6－
  ＃8 的下方繞過）
 （以上約占 0.8 公分，可自行增減圈數）
 ‧正紅色毛線，支架＃2－＃4－＃6－
  ＃8，4 圈（經支架＃1－＃3－＃5－
  ＃7 的下方繞過）
 （以上約占 0.8公分，與前一組方形等
  大）

6. 翅膀
 ‧乳白色毛線，支架＃1－＃5，2 圈
 ‧乳白色毛線，支架＃3－＃7，2 圈
 ‧乳白色毛線，支架＃2－＃6，2 圈
 ‧乳白色毛線，支架＃4－＃8，2 圈
 （以上約占 0.4 公分，可自行增減圈數）

7. 方形
 ‧湖藍色毛線，支架＃1－＃3－＃5－
  ＃7，4 圈（經支架＃2－＃4－＃6－
  ＃8 的下方繞過）
 （以上約占 0.8 公分，可自行增減圈數）
 ‧紅色毛線，支架＃2－＃4－＃6－
  ＃8，4 圈（經支架＃1－＃3－＃5－
  ＃7 的下方繞過）
 （以上約占 0.8公分，與前一組方形等
  大）

8. 翅膀
 ‧乳白色毛線，支架＃1－＃5，2 圈
 ‧乳白色毛線，支架＃3－＃7，2 圈
 ‧乳白色毛線，支架＃2－＃6，2 圈
 ‧乳白色毛線，支架＃4－＃8，2 圈
 （以上約占 0.4 公分，可自行增減圈數）

9. 方形
 ‧藍色毛線，支架＃1－＃3－＃5－＃7，
  4 圈（經支架＃2－＃4－＃6 －＃8 的
  下方繞過）
 （以上約占 0.8 公分，可自行增減圈數）
 ‧淺紅色毛線，支架＃2－＃4－＃6－
  ＃8，4圈（經支架＃1－＃3－＃5－
  ＃7 的下方繞過）
 （以上約占 0.8公分，與前一組方形等
  大）

10. 翅膀
 ‧乳白色毛線，支架＃1－＃5，2 圈
 ‧乳白色毛線，支架＃3－＃7，2 圈
 ‧乳白色毛線，支架＃2－＃6，2 圈
 ‧乳白色毛線，支架＃4－＃8，2 圈
 （以上約占 0.4 公分，可自行增減圈數）

11. 方形
 ‧藏青色毛線，支架＃1－＃3－＃5－
  ＃7，4 圈（經支架＃2－＃4－＃6－
  ＃8 的下方繞過）
 （以上約占 0.8 公分，可自行增減圈數）
 ‧粉紅色毛線，支架＃2－＃4－＃6－
  ＃8，4圈（經支架＃1－＃3－＃5－
  ＃7 的下方繞過）

（以上約占 0.8公分，與前一組方形等大）

12. 翅膀
・乳白色毛線，支架#1－#5，2 圈
・乳白色毛線，支架#3－#7，2 圈
・乳白色毛線，支架#2－#6，2 圈
・乳白色毛線，支架#4－#8，2 圈
（以上約占 0.4 公分，可自行增減圈數）

13. 方形
・天藍色毛線，支架#1－#3－#5－#7，4 圈（經支架#2－#4－#6－#8 的下方繞過）
（以上約占 0.8 公分，可自行增減圈數）
・膚色毛線，支架#2－#4－#6－#8，4 圈（經支架#1－#3－#5－#7 的下方繞過）
（以上約占 0.8 公分，與前一組方形等大）

14. 花瓣
・乳白色毛線，支架#1－#4－#7－#2－#5－#8－#3－#6，6 圈（經所有支架 的下方繞過）
・藏藍色毛線，支架#1－#4－#7－#2－#5－#8－#3－#6，2 圈（經所有支架 的下方繞過）
（以上約占 1.5 公分，可自行增減圈數）

15. 方形
・深紅色毛線，支架#2－#4－#6－#8，4 圈（經支架#1－#3－#5－#7 的下方繞過）
（以上約占 0.8 公分，可自行增減圈數）
・深紅色毛線，支架#1－#3－#5－#7，4 圈（經支架#2－#4－#6－#8 的下方繞過）
（以上約占 0.8 公分，與前一組方形等大）

16. 圓環
・藏藍色毛線，支架#1－#2－#3－#4－#5－#6－#7－#8，2 圈
・湖藍色毛線，支架#1－#2－#3－#4－#5－#6－#7－#8，2 圈
・藍色毛線，支架#1－#2－#3－#4－#5－#6－#7－#8，2 圈
・藏青色毛線，支架#1－#2－#3－#4－#5－#6－#7－#8，2 圈
・天藍色毛線，支架#1－#2－#3－#4－#5－#6－#7－#8，2 圈
（以上約占 1.5 公分，可自行增減圈數）

17. 方形＋包邊
・乳白色毛線，支架#2－#4－#6－#8，4 圈（經支架#1－#3－#5－#7 的下方繞過）
・最後一圈同時包邊，支架#2－#4－#6－#8，上膠水，包棍末
・乳白色毛線，支架#1－#3－#5－#7，4 圈（經支架#2－#4－#6－#8 的下方繞過）
・最後一圈同時包邊，支架#1－#3－#5－#7，上膠水，包棍末

熱愛可抵歲月漫長

八角提案9

■ 木棒組合：

$+$ $=$

■ 材料：

- 木棒：30 公分 x 4 根
- 毛線：乳白色、紅色、鮮黃色、淺黃色、深紅色
- 飾珠 24 顆

■ 步驟：

1. 編織上眼瞳
- 乳白色毛線，立架
- 乳白色毛線，支架＃1－＃3－＃5－＃7，4 圈
- 紅色毛線，支架＃1－＃3－＃5－＃7，3 圈

（以上約占 2 公分，可自行增減圈數）

2. 編織下眼瞳
- 乳白色毛線，立架
- 乳白色毛線，支架＃2－＃4－＃6－＃8，7 圈

（以上約占 2 公分，與上眼瞳等大）

3. 翅膀（合併兩組眼瞳）
- 鮮黃色毛線，支架＃1－＃5，4 圈
- 鮮黃色毛線，支架＃3－＃7，4 圈
- 鮮黃色毛線，支架＃2－＃6，4 圈
- 鮮黃色毛線，支架＃4－＃8，4 圈
- 淺黃色毛線，支架＃1－＃5，2 圈
- 淺黃色毛線，支架＃3－＃7，2 圈
- 淺黃色毛線，支架＃2－＃6，2 圈
- 淺黃色毛線，支架＃4－＃8，2 圈

（以上約占 1.5 公分，可自行增減圈數）

4. 方形
- 紅色毛線，支架＃2－＃4－＃6－＃8，6 圈（經支架＃1－＃3－＃5－＃7 的下方繞過）

（以上約占 1.5 公分，可自行增減圈數）
- 紅色毛線，支架＃1－＃3－＃5－＃7，6 圈（經支架＃2－＃4－＃6－＃8 的下方繞過）

（以上約占 1.5 公分，與前一組方形等大）

5. 方形
- 乳白色毛線，支架＃2－＃4－＃6－＃8，3 圈（經支架＃1－＃3－＃5－＃7 的下方繞過）

（以上約占 0.5 公分，可自行增減圈數）
- 乳白色毛線，支架＃1－＃3－＃5－＃7，3 圈（經支架＃2－＃4－＃6－

＃8 的下方繞過）

（以上約占 0.5 公分，與前一組方形等大）

6. 方形
- 深紅色毛線，支架＃2－＃4－＃6－＃8，6 圈（經支架＃1－＃3－＃5－＃7 的下方繞過）

（以上約占 1.5 公分，可自行增減圈數）
- 深紅色毛線，支架＃1－＃3－＃5－＃7，6 圈（經支架＃2－＃4－＃6－＃8 的下方繞過）

（以上約占 1.5 公分，與前一組方形等大）

7. 花瓣
- 鮮黃色毛線，支架＃1－＃4－＃7－＃2－＃5－＃8－＃3－＃6，7 圈（經所有支架的下方繞過）
- 紅色毛線，支架＃1－＃4－＃7－＃2－＃5－＃8－＃3－＃6，7 圈（經所有支架的下方繞過）

（以上約占 2 公分，可自行增減圈數）

8. 方形
- 淺黃色毛線，支架＃2－＃4－＃6－＃8，3 圈（經支架＃1－＃3－＃5－＃7 的下方繞過）

（以上約占 0.5 公分，可自行增減圈數）
- 淺黃色毛線，支架＃1－＃3－＃5－＃7，3 圈（經支架＃2－＃4－＃6－＃8 的下方繞過）

（以上約占 0.5 公分，與前一組方形等大）

9. 圓環＋串珠
- 鮮黃色毛線，支架＃1－＃2－＃3－＃4－＃5－＃6－＃7－＃8，1 圈，每一條邊串 3 顆珠子（這一圈可以繞鬆一點）
- 紅色毛線，支架＃1－＃2－＃3－＃4－＃5－＃6－＃7－＃8，8 圈
- 深紅色毛線，支架＃1－＃2－＃3－＃4－＃5－＃6－＃7－＃8，14 圈

（以上約占 4 公分，可自行增減圈數）

10. 包邊 + 串珠
・鮮黃色毛線，支架＃1－＃2－＃3－＃4
　－＃5－＃6－＃7－＃8，每一條邊穿
　過先前的3顆珠子，上膠水，包棍末

正念時刻 7 ⋯⋯⋯⋯⋯⋯⋯⋯⋯⋯⋯⋯⋯⋯⋯⋯⋯⋯⋯⋯⋯⋯⋯⋯⋯⋯⋯⋯⋯⋯

　　覺得剛才的壇面編得不好看嗎？那就拆掉重新再編吧！想要繼續往前走也無不
可。每一根毛線都在如實地反映出你當下的狀態，沒有對錯之分。想要往回走還
是繼續，忠於你內心的聲音，就是對了。

感謝生命中出現過的那些光

其他資訊

課程資訊

恭喜你！
如果你已經完成了本書的教案，恭喜你！你已經掌握到生命之眼的基礎編織技巧了！接下來你可以挑戰更複雜的款式和技法。

接下來……

分享作品：
完成了作品一定要分享，讓大家看到為你鼓掌！
邀請你為生命之眼作品拍照，分享到FB／IG，標註：
#生命之眼 #正念手作
讓這些美麗的花朵到處盛放，越開越多！

實體課程：
正念手作學院的代表導師，有定期在不同地區舉辦生命之眼實體課程，過程中導師可以看到你編織的動作，即時作出指導，讓你的學習更有效率，歡迎查詢。

線上課程：
線上課程適合時間零碎、沒辦法親身參與實體課程的學員，在家隨時觀看影片學習。完整的材料包會寄送到府上，你只需要準備一把剪刀、一個坐得舒服的地方和一些耐心，就可以開始學習。

導師課程：
如果你也想要成為生命之眼的導師，把這個療癒的正念手作帶到你服務的單位或群眾，歡迎參與導師課程。
課程中除了會有系統地教授多種編織的技法和教案，還會分享教學技巧、課堂控制、材料準備等小撇步，讓你學會後馬上輕鬆開課。課後還有線上群組，讓導師們分享交流，一起成長。

課程資訊：
正念手作學院官網
www.mindfulnesscraftscollege.com

採買資訊

生命之眼的耗材非常容易採買，木棒、毛線等在一般的文具店、家品店都可以找到。

正念手作學院也提供材料訂購服務，如你在外面找不到需要的耗材，歡迎到訪以下網站。

由於我們的材料是供開課用的，讓學員採買是方便大家，所以備貨不多，大量採買的話請先聯繫我們喔～

正念手作學院材料採購頁：

https://www.mindfulnesscraftscollege.com/product-category/material

如果想要按照書上提案的毛線顏色創作，可以參考以下色號表，於採購的時候註明色號就可以了。

色系	色名	色號
紅色	酒紅	11
	深紅	12
	正紅	13
	紅	14
	深胭紅	15
	胭紅	16
	淺紅	17
	粉紅	18
	膚色	19
橘黃色	橘紅	20
	橘	21
	淺橘	22
	鵝黃	23
	鮮黃	24
	淺黃	25

色系	色名	色號
綠色	深綠	30
	綠	31
	碧綠	32
	橄欖	33
	淺碧綠	34
	淺橄欖	35
	鮮綠	36
	姜綠	37
	淺綠	38
	明綠	39
藍色	藏藍	40
	深藍	41
	藍	42
	鮮藍	43
	湖藍	44
	藏青	45
	天藍	46
	水藍	47
	淺藍	48

色系	色名	色號
紫色	深紫	50
	紫	51
	粉紫	52
	淺紫	53
棕色	深棕	60
	棕色	61
	紅棕	62
	淺棕	63
	姜黃	64
	卡其	65
	杏	66
黑白色	白	70
	乳白	71
	黑	80
	深灰	81
	灰	82
	駝灰	83
	銀灰	84
	淺灰	85

角度器

刻度尺

本頁直尺圖示可能不是準確的30公分，
請直接把木棒置中，畫上顏色線供自己參考即可

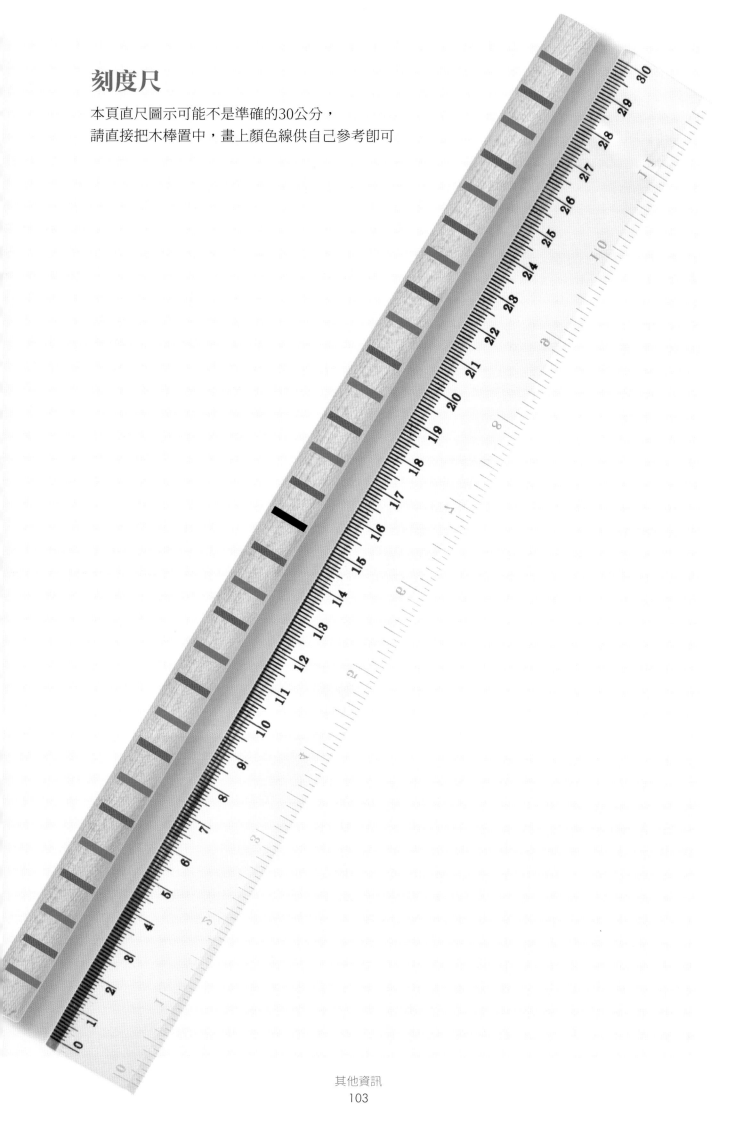

其他資訊

國家圖書館出版品預行編目資料

正念手作Eye of Life生命之眼：給初心者的繞線
曼陀羅（基礎篇）／卡老師（勞嘉敏）著. --初
版.--臺中市：白象文化事業有限公司，2023.4
　　面；　公分
ISBN 978-626-7253-75-5（平裝）

1.CST: 編織 2.CST: 手工藝 3.CST: 藝術治療
426.4　　　　　　　　　　　　112001875

正念手作Eye of Life生命之眼：
給初心者的繞線曼陀羅（基礎篇）

作　　　者　卡老師（勞嘉敏）
校　　　對　卡老師（勞嘉敏）
發 行 人　張輝潭
出版發行　白象文化事業有限公司
　　　　　412台中市大里區科技路1號8樓之2（台中軟體園區）
　　　　　出版專線：（04）2496-5995　　傳真：（04）2496-9901
　　　　　401台中市東區和平街228巷44號（經銷部）
　　　　　購書專線：（04）2220-8589　　傳真：（04）2220-8505
專案主編　黃麗穎
出版編印　林榮威、陳逸儒、黃麗穎、水邊、陳婷婷、李婕、林金郎
設計創意　張禮南、何佳誼
經紀企劃　張輝潭、徐錦淳、林尉儒
經銷推廣　李莉吟、莊博亞、劉育姍、林政泓
行銷宣傳　黃姿虹、沈若瑜
營運管理　曾千熏、羅禎琳
印　　　刷　基盛印刷工場
初版一刷　2023年4月
二版一刷　2024年1月
定　　　價　520元

白象文化　印書小舖　出版·經銷·宣傳·設計
www.ElephantWhite.com.tw　f 自費出版的領導者　購書 白象文化生活館